计算机教育教学的发展研究

冯翔宇　庞美严　李　彦 ◎ 著

吉林出版集团股份有限公司

图书在版编目（CIP）数据

计算机教育教学的发展研究 / 冯翔宇，庞美严，李
彦著. 一 长春：吉林出版集团股份有限公司，2023.9
ISBN 978-7-5731-4424-9

Ⅰ．①计… Ⅱ．①冯… ②庞… ③李… Ⅲ．①电子计
算机－教学研究－高等学校 Ⅳ．①TP3-42

中国国家版本馆CIP数据核字（2023）第 207623 号

计算机教育教学的发展研究
JISUANJI JIAOYU JIAOXUE DE FAZHAN YANJIU

著　者	冯翔宇　庞美严　李　彦
责任编辑	滕　林
封面设计	林　吉
开　本	787mm×1092mm　　1/16
字　数	210 千
印　张	14
版　次	2023 年 9 月第 1 版
印　次	2024 年 1 月第 1 次印刷
出版发行	吉林出版集团股份有限公司
电　话	总编办：010-63109269
	发行部：010-63109269
印　刷	廊坊市广阳区九洲印刷厂

ISBN 978-7-5731-4424-9　　　　　　　　　　　　　定价：78.00 元

前　言

　　新形势下如何深化教学改革，提升计算机教学质量是一项重大的任务，尤其是要面向非计算机专业学生开设信息技术基础课程，提高学生的信息获取与加工的能力。计算机作为一项先进技术，对当代大学生而言，计算机基础技能是一项必要的技能，熟练掌握计算机操作方式方法能够为其他学科学习奠定基础，同时可以增强自身在就业市场的竞争力，满足用人单位对人才的需求。在信息时代背景下，全面提高学生的计算机操作水平，推进计算机基础教育迈向一个全新的阶段。本书对高校计算机教育教学探究，针对目前高校计算机教育存在的问题和不足提出了改革计算机教育中的应用策略。

　　计算机基础应用教学的改革与发展离不开强大的教学资源支撑。因此如何营造良好的教学环境，对教学优势资源加以充分利用对于计算机基础应用教学改革而言至关重要。为实现这一目标，高校需要给予计算机教学基础设施建设大力支持，比如增加机房与硬件设备经费支出，围绕多层次的网络教学环境进行建设，使应用与共享的数字教育资源优势得到发挥。此外教师资源优化对于教学改革而言也具有重要意义。为加强教师队伍建设，提高教师综合素质，就必须制定合理的培养计划，为计算机教师提供更多的机会与平台接受专业知识的学习，促使他们转变教育理念，提高对计算机专业教育的实践能力，并在计算机基础应用教学中做出更大的贡献，为推进教学改革奠定扎实基础。

　　本书首先对计算机教育进行了相关概述，并对计算机专业数学现状与改革进行了深入分析；之后在此基础上对计算机专业课程改革与建设提出了具有建设性的意见和建议，并对当前广泛开展的教学模式进行了探究，对高职院校计算机实践教学质量保障进行了系统分析。计算机应用能力是当代社会中不可或缺的部分，计算机基础课程质量的好坏将直接影响广大学生的学习效果，因此计算机基础课程改革与教学优化是现阶段亟待解决的。本书如有不足之处，望广大读者批评指正。

冯翔宇　庞美严　李　彦

2023 年 7 月

目　录

第一章　绪论

第一节　研究背景与意义

一、研究背景

在现代信息社会中，计算机作为技术进步的产物，其应用已经扩展到社会的各个层面。过去 50 多年的计算机发展可以用"快"字来形容，计算机对人类生活的影响可以用四个字概括为"不可估量"。目前信息高速公路随处可见，"计算机文化"的概念深深植根于人们的心中。曾经提出的"将计算机从计算机专家手中解放出来并成为大众手中的工具"[①]的想法现在已成为现实。计算机普及的第二个高潮阶段具有全面和多层次的特点，普及对象范围广。这种计算机普及是由政府召集、组织和推动的，作为一种专业和职业要求技能，计算机已成为寻找工作的必备基本技能，如果不掌握计算机技术，就很难掌握先进的科学技术，在激烈的竞争中则会失去优势。对计算机的了解已经成为现代知识分子掌握知识的一个组成部分，并已成为人类文化的重要组成部分，网络和多媒体技术的发展使计算机应用进入了一个新的世界。多年前计算机科学家提出的"全球计算机联合"概念成为现实，计算机技术的实现导致世界变得越来越小并将计算机将人们带入了信息社会，并丰富了人类的生活，改变了人们的生活和工作方式，由此

---

① 葛瑞泉. 计算机思维与大学计算机基础教育探究 [J]. 科技风,2019(6)：34.

可见，计算机将改变世界，人们开始明白，我们正在经历一场将世界推向更高水平的新革命。21世纪，人们将面临科学技术迅速发展的新世界，许多旧的想法和工作方法将被新的想法和工作方法所取代，21世纪的学校和毕业生的质量将与过去存在很大不同。谁能抓住这个机遇，谁就能迅速发展并获得主动权，反之将会处于落后和被动状态。

计算机教育也越来越受到关注。教育部将计算机基础教育作为各级学校的重要课程之一，并大力推广和发展。当回顾高校的计算机教育时，我们能清晰地看到我们所面临的情况发生了很多变化，具体如下：

①社会信息化呈现纵深的发展趋势，在各行各业中迅速开展数字化图书馆、电子商务、数字校园等信息化应用现象层出不穷。

②现代企业和单位对求职学生的计算机能力要求与日俱增。就目前情形来看，计算机水平和外语水平已成为衡量求职者的重要参考指标，说明社会的信息化发展趋势显著影响了学校对学生信息化素养的培养要求。

③中小学的计算机教育正在向正确的轨道发展。教育部制定中小学信息技术领域的教育计划和课程，并逐步改善中小学信息技术教育。因此高校一年级学生的计算机初步知识将得到明显的改善。

④计算机技术广泛应用于众多学科的课程教学中，已成为一种重要的课程教学辅助手段。无论是教师还是学生，都需要具备一定的计算机技能，才能很好地应对课程教学过程中需要解决的问题。

不需要另起一行计算机应用能力是学生必备的一种学习和生活技能，已成为学生知识结构的必要组成部分。因此全国各大高校积极开设计算机教学课程，与学生未来在专业中应用计算机的能力有直接关系。如何改革计算机课程以及如何优化教学质量是一个非常重要的研究方向。

二、研究意义

（一）理论意义

课程作为组织教学活动的一个基本框架，对于学生的思维形式、学习能力等方面的发展能够起到非常重要的作用。特别是伴随着时代的发展、社会的进步其形式也更加的丰富多彩。研究计算机基础教育方面的课程改革和探索教学优化对于学生课程学习的实效性，对于提升教学质量有着重要的作用，这也是笔者研究的意义所在。

（二）实践意义

第一，从目前的计算机教育状况来看，计算机技术还远在千里之外。在传统的封闭式课程框架内学习的学生，将越来越难以满足社会对专业人才的需求，通过计算机基础课程的改革和教学方式的优化，可以更有效地培养具有信息索养的人才。

第二，对学生来说，现代教育更注重提高学生的实践能力、创新思维、研究并解决问题的技能等通过计算机基础教育，培养学生的计算机技能和计算思维，有利于帮助学生达到现代教育的目标。

第三，教师在教学活动中扮演着重要的角色，具有一定的主导作用，需要从整体层面对学生的学习进程、学习能力以及知识掌握程度进行了解。社会对于教师的要求在不断提高，计算机基础课程改革和教学优化更利于教师自身素质和教学水平的提高，对更新知识起到一定的推动作用。

第四，从计算机基础课程的设置定位来说，它更趋向于实践操作性，而计算机教学探索的一个关键点也正是实践能力的应用及提高，通过计算机基础课程的改革和教学优化，使学生的实践操作能力能够得到更好的提高。

第二节　相关概念的界定

一、计算机学科的概述

计算机学科即"计算机科学与技术",是研究计算机的设计与制造并利用计算机进行信息获取、表示、存储、处理、控制等的理论、原则、方法和技术的学科。计算机学科是组成计算学科(Computational Discipline)的一部分。计算学科是以计算机为基础建立数学模型和模拟物理过程,以此来完成科学调查以及科学研究,它包括信息学、计算机工程、软件开发和其他学科,而计算机科学与技术学科仅包含这些学科的最基本内容。

想要对计算机科学这门学科进行深入的改革,首先必须对计算机科学以及技术学科的相关定义以及原理进行认识,只有这样才能全方位地促进计算机科学的改革进程。根据计算机学科的定义可以知道,计算机科学这门学科是在数学、物理和电子工程的基础上发展而成的。因此计算机科学包含知识更加全面,具有一定的综合功能,但与此同时,对学生的学习能力要求也很高。因此在学习过程中,除了研究理论基础之外,还应更加注重学生的实践和综合应用能力。

二、计算机专业课程

计算机专业主要学习计算机科学与技术方面的理论和技能操作。该专业要求基础扎实、知识面宽、能力强、素质高,具有创新精神,系统掌握计算机硬件软件的基本理论与应用基本技能,具有较强的实践能力,能在企事业单位、政府机关、行政管理部门从事计算机技术研究和应用,硬件、软件和网络技术的开发以及计算机管理和维护。

该专业的主要课程有电路原理、模拟电子技术、数字逻辑、数值分析、计算机原理、微型计算机技术、计算机系统结构、计算机网络、高级语言、汇编语言、数据结构、操作系统、数据库原理、编译原理、图形学、人工智能、计算方法、离散数学、概率统计、线性代数、人机交互、面向对象的程序设计、计算机英语等。

三、非计算机专业计算机课程

对于非计算机专业计算机课程可分为两个层面：一个层面是计算机基础课程。其主要的教学目的是：第一个层面是要求他们对计算机有基本的了解，能够进行简单的工作、学习或生活软件操作。第二个层面是适应不同专业方向的计算机应用技术课程群。其主要教学目的是：培养学生利用计算机技术解决自身专业问题和困难的能力。这些课程在目标设定上更注重能力的培养，特别是独立思考的能力、协作学习的能力及动手能力的培养。

特别需要说明：本书在后面章节中提到的计算机课程在没有特别说明之前，它是指非计算机专业的计算机课程。

四、计算机基础教育

我国的计算机基础教育从无到有、从点到面、从少数理工科专业率先实践到所有高校的计算机专业都普遍开设了相关课程，计算机基础教育得到巨大的发展。高等学校的计算机教育有两类不同的范畴：一种是指计算机专业的学科教育即计算机专业教育，另一种是指面向全体大学生的计算机基础教育。非计算机专业的学生占全体学生数量的 90% 以上，他们的计算机基础教育是为非计算机专业学生提供的计算机知识、能力与素质方面的教育，旨在使学生掌握计算机及其他相关信息技术的基本知识，培养学生利用计算机解决问题的意识与能力，提高学生的计算机素质，为将来应用计算机知识与技术解决自身专业实际问题打下基础。

五、课程改革的定义

（一）课程的概述

课程是对学生应该学习的综合科目以及学生学习计划的总规划课程结合了教育目标、教学内容、教学方式和课程实施过程的教学大纲以及教学课程等，所谓广义的课程，就是指为实现培养目标，学校选择的教育内容和进程的总和其中包括：学校讲师讲的每一种科目以及有计划性或者针对性的教育组织。而所谓的狭义的课程，则仅仅代表着一门单一的学科。

对于课程的概念以及定义，国内外诸多学者持有不同的意见和看法，以西方学者为代表的看法主要体现在以下书籍中，如《课程即教育内容或教材》《课程是所设计的一种活动计划》等。而国内对课程则有不同的看法，主要注重课程教学经验、课程教学内容、不同学科课程安排等。

（二）课程的形式

1.分科课程与活动课程

分科课程是指从不同门类的学科中选取知识，按照知识的逻辑体系，以分科教学的形式向学生传授知识的课程。分科课程与学科课程基本上是一致的，分科课程强调的是课程内容的组织形式，而学科课程强调的是课程内容固有的属性。活动课程亦称经验课程、儿童中心课程，是与学科课程对立的课程类型，它以学生从事某种活动的兴趣和动机为中心组织课程，因此也称动机论。活动课程的思想可以溯源到法国自然主义教育思想家卢梭。

2.核心课程与外围课程

核心课程对各门学科进行分块处理的方法表示不赞同，认为应将各门学科中的若干重要学科进行整合，将其构成一个完整的、范围较广的科目，并将这一科目列入学生必选课程之一，使这一必选科目与其他学科相结合共同组成教学课程。外围课程是指核心课程以外的课程，它适用于不同的学生学习，它与大多数学生和部分学生的基础课程不同，它是基于学生存在的差异而形成的一种课程类型，与集础课程相比，其稳定性较弱，外围课程会依据环境条件的变化、年龄和其他差异的变化而随之变化。核心课程与外围课程的区别可以用特殊与普通、抽象与具体之间的关系来体现，两者之间存在差异，却又相辅相成。

3. 显性课程与隐形课程

显性课程是指利用最明显、最直接的方式展现出来的教学课程，通常执行主体为教师，由教师在教学过程中直接体现，比如最常见的课程表。隐形课程与显性课程相反，是指除显性课程以外的其他一切可促进学生发展的资源、环境以及文化等都可以称为隐形课程。

隐形课程和显性课程之间有三个区别。首先，从学生培训的结果来看，学生主要接受隐形课程的非学术知识，而在显性课程中获取的主要是学术知识。其次，体现在计划性方面，除形课程通常是不经计划和安排的教学活动之外，学习过程中大多数学生无意识地使用隐藏的经验，而显性课程则通过培训进行规划和组织，学生通常对这一类型课程有较大兴趣参与。最后，在学习环境中，隐形课程通过学校的自然社会环境进行，而教科书教学的实施为显性课程。

4. 研究型课程

研究型课程大体可分为三个部分，包括基础型、扩展型和探究型。研究型课程具有两个特点：一是按照目标来看，研究型课程在目标上有着明确的开放性特点。二是按照内容来看，研究型课程更注重内容上的综合性、弹性和开放性。研究型课程的组织，主要是以调查为主要教学方法的综合教学活动，在实施过程中，教师应在课程的选择方面体现合作与独立相结合的特点。学生的研究过程既有个人行为，也有学生之间的互动和沟通行为。因此在课程的组织过程中，需要同时具有个体活动和交流活动的课程组织形式。即在对教学课题进行研究时，需要综合考虑以上两种互动，相互结合使用。研究型课程评估，由于研究型课程对课程研究目的和研究内容没有固定要求，因此在课程评估中使用目标评估是不切实际的，应使用程序评估方法。因此研究课程的评估具有程序特征。

（三）课程的制约因素

课程是一种呈现不断变化形式的社会现象。自课程诞生以来，它一直以变革和发展的形式存在。课程中社会、学生、学科知识因素对课程的制约有很深的作用，这个客观因素在制约课程中关系复杂且相对独立，但"独立"不是"孤立"。

"三因素"在制约课程中是以立体关系存在的，而不是平面关系，三者处于两个层次状态，制约课程中社会因素处于第一层次，对课程最终的设计目的具有重要的决定作用，制约课程的第二层因素是学生因素，它在课程设计的具体焦点和具体立足点中起着决定性的作用。对课程有限制性影响的知识因素介于第一层次和第二层次之间。它为选择和更新课程内容提供了更好的来源和基础。

在制约课程中，"三因素"之间是相互矛盾的，对其中任何一种因素夸大其词都是不可取的，根据经验来讲，不管是"学科中心论""社会中心论"还是"儿童中心论"都是单一存在的。无论哪种论点只是强调限制课程的因素之一，而忽视或不注意其他两个因素，它都会切断三者之间的联系，否定它们之间的对立统一性。

（四）课程改革的定义

课程改革是学习和教学方式的变化，在课程改革中，强调形成积极主动的学习态度，对知识转移的趋势给予了足够的关注，使获取知识和技能的过程成为一个学习过程，通过学习形成正确的价值观，传统教学方法具有"被动、依赖、统一"等不足，现代教学方法的转变正是对传统教学方法的缺点进行改善的过程。

新课程改革的核心理念是"一切以学生为中心，一切为了促进学生的发展"。这里的"一切"指的是学校所有教育教学策略的制定和教学方法的使用都应以人为本，促进学生健康发展。这里的"学生"包含范围较广，泛指所有学校的学生。"发展"在这里指的是学校的教育教学以及所有课外活动的实施目标，均是以帮助学生发展为主要准则，最终帮助学生获得社会基本生存技能，使他们掌握独立学习的能力、与人合作的能力、收集和处理信息的能力、学习做事的能力、靠自己生存的能力，确保我们的下一代能够在未来社会生存并促进社会繁荣发展。用一句话来概括，可以说是"一切的一切都是为了学生发展"。

当然，在促进学生发展的进程中，首先需要明确的是应当完成学生的基础教育，其次把学生培养成为合格的中国公民，最后才能进一步深入对学生的培养，使学生发展成为"社会主义事业的建设者和接班人"。

第三节　新的计算机科学技术与教学模式

一、新的计算机科学技术

（一）物联网

物联网是新一代信息技术的重要要组成部分，也是"信息化"时代的重要发展阶段。其英文名称是 Imemet of ThingS（IoT）。顾名思义，物联网就是万物相连的互联网。这有两层意思：其一，物联网的核心和基础仍然是互联网，是在互联网基础上延伸和扩展的网络。其二，其用户端延伸和扩展到了任何物品与物品之间进行信息交换和通信，也就是万物相息。物联网通过智能感知、识别技术与普适计算等通信感知技术，广泛应用于网络的融合中，也因此被称为计算机，互联网之后，世界信息产业发展的第三次浪潮物联网，是互联网的应用拓展，与其说物联网是网络不如说物联网是业务和应用。因此应用创新是物联网发展的核心，以用户体验为核心的创新是物联网发展的灵魂。

（二）云计算

公计算（Cloud Computing）是基于互联网的相关服务的增加、使用和交付模式，通常涉及通过互联网来提供动态易扩展相目，经常是虚拟化的资源。云是网络、互联网的一种比喻说法。过去在网络结构图中往往用云来表示电信网，后来也用来表示互联网和底层基础设施的抽象，因此云计算甚至可以让你体验每秒10万亿次的运算能力，拥有这么强大的计算能力可以模拟核爆炸、预测气候变化和市场发展趋势。用户通过电脑、笔记本、手机等方式接入数据中心，按自己的需求进行运算。

对云计算的定义有多种说法。对于到底什么是云计算，至少可以找到100种解释。现阶段广为接受的是美国国家标准与技术研究院（NIST）的定义：云计算是一种按使用付费的模式，这种模式提供可用的、便捷的、按需的网络访问，进入可配置的计算资源共享池（资源包括网络、服务器、存储、应用软件、服务），这些资源能够被快速提供，只需投入很少的管理工作，或与服务供应商进行很少的交互。

（三）大数据

对于"大数据"（Big DaIa）研究机构 Gartner 给出了这样的定义："大数据"是需要新处理模式才能具有更强的决策力、洞察发现力和流程优化能力来适应海量高增长率强和多样化的信息资产。麦肯锡全球研究所给出的定义是：一种规模大到在获取、存储、管理、分析方面大大超出了传统数据库软件工具能力范围的数据集合，具有海量的数据规模、快速的数据流转、多样的数据类型和价值密度低四大特征。

大数据技术的战略意义不在于掌握庞大的数据信息，而在于对这些含有意义的数据进行专业化处理。换言之，如果把大数据比作一种产业，那么这种产业实现盈利的关键，在于提高对数据的"加工能力"，通过"加工"

实现数据的"增值"。

从技术上看，大数据与云计算的关系就像一枚硬币的正反面一样密不可分。大数据必然无法用单台的计算机进行处理，必须采用分布式架构，它的特色在于对海量数据进行分布式数据挖掘。但它必须依托云计算的分布式处理、分布式数据库、云存储和虚拟化技术。随着云时代的来临，大数据也吸引了越来越多的关注。分析师团队认为，大数据通常用来形容一个公司创造的大量非结构化数据和半结构化数据，这些数据在下载到关系型数据库用于分析时会花费过多时间和金钱。大数据分析常和云计算联系到一起，因为实时的大型数据集分析需要像 Map Reduce 一样的框架来向数百甚至数千的电脑分配工作。

大数据需要特殊的技术，以有效地处理大量的容忍经过时间内的数据适用大数据的技术，包括大规模并行处理（MPP）数据库、数据挖掘、分布式文件系统、分布式数据库、云计算平台、互联网和可扩展的存储系统。

（四）人工智能

人工智能的定义可以分为两部分，即"人工"和"智能"。"人工"比较好理解，争议条件也不大。有时我们会考虑什么是人力所能及制造的，或者人自身的智能程度有没有高到可以创造人工智能的地步等等。但总的来说，"人工系统"就是通常意义下的人工系统。

关于什么是"智能"，问题就多多了。这涉及其他诸如意识（conscious-ness）、自我（Self）、思维（mind）（包括无意识的思维 unconscious mind）等等问题。人唯一了解的智能是人本身的智能，这是普遍认同的观点，但是我们对我们自身智能的理解都非常有限，对构成人的智能的必要元素也了解有限，所以就很难定义什么是"人工"制造的"智能"了。因此对人工智能的研究往往涉及对人的智能本身的研究。其他关于动物或其他人造系统的智能也普遍被认为是人工智能相关的研究课题。

人工智能在计算机领域内得到了愈加广泛的重视，并在机器人、经济政治决策、控制系统、仿真系统中得到应用。尼尔逊教授对人工智能下了这样一个定义："人工智能是关于知识的学科—怎样表示知识以及怎样获得知识并使用知识的科学。"① 而另一个美国麻省理工学院的温斯顿教授认为："人工智能就是研究如何使计算机去做过去只有人才能做的智能工作。"② 这些说法反映了人工智能学科的基本思想和基本内容，即人工智能是研究人类智能活动的规律，构造具有一定智能的人工系统，研究如何让计算机去完成以往需要人的智力才能胜任的工作，也就是研究如何应用计算机的软硬件来模拟人类某些智能行为的基本理论、方法和技术。

人工智能是计算机学科的一个分支，20 世纪 70 年代以来被称为世界三大尖端技术之一（空间技术、能源技术、人工智能），也被认为是 21 世纪三大尖端技术（塞因工程、纳米科学、人工智能）之一。这是因为近 30 年来它获得了迅速的发展，在很多学科领域都获得了广泛应用，并取得了丰硕的成果，人工智能已逐步成为一个独立的分支，无论在理论和实践上都已自成系统。

人工智能是研究使计算机来模拟人的某些思维过程和智能行为（如学习、推理、思考、规划等）的学科，主要包括计算机实现智能的原理、制造类似于人脑智能的计算机，使计算机能实现更高层次的应用。人工智能将涉及计算机科学、心理学、哲学和语言学等学科，可以说几乎是自然科学和社会科学的所有学科，其范围已远远超出了计算机科学的范畴，人工智能与思维科学的关系是实践和理论的关系，人工智能是处于思维科学的技术应用层次，是它的一个应用分支。从思维观点看，人工智能不仅限于逻辑思维，还要考虑形象思维、灵感思维，只有这样才能促进人工智能的突破性发展。数学常被认为是多种学科的基础科学，数学也进入语言、思维领域，人工智能学科也必须借用数学工具，数学不仅在标准逻辑、模糊数学等范围也发挥作用，数学进入人工智能学科，它们也将互相促进而更

---

① 尼尔逊 . 人工智能原理 [M]. 石纯一译 . 北京：科学出版社，1983.

② 安德鲁·温斯顿 . 大转变 [M]. 夏善晨，陈俊婕译 . 北京：海洋出版社，2019.

快地发展。

(五)区块链

狭义来讲，区块链是一种按照时间顺序将数据区块以顺序相连的方式组合成的一种链式数据结构，并以密码学方式保证的不可篡改和不可伪造的分值式账本。广义来讲，区块链技术是利用块链式数据结构来验证与存储数据，利用分布式节点共以算法来生成和更新数据、利用密码学的方式保证数据传输和访问的安全、利用由自动化的脚本代码组成的智能合约来编程和操作数据的一种全新的分布式基础架构与计算方式。

一般来说，区块链系统由数据层、网络层、共识层、激励层、合约层和应用所组成其中，数据层封装了底层数据区块以及相关的数据加密和时间戳等基础数据和基本算法；网络层则包括分布式组网机制、数据传播机制和数据验证机制等；共识层主要封装网络节点的各类共识算法；激励层将经济因素集成到区块链技术体系中来，主要包括经济激励的发行机制和分配机制等；合约层主要封装各类脚本、算法和智能合约，是区块链可编程特性的基础；应用层则封装了区块链的各种应用场景和案例。该模型中，基于时间戳的链式区块结构、分布式节点的共谋机制、基于共识算力的经济激励和灵活可编程的智能合约是区块链技术最具代表性的创新点。

(六)移动互联网

移动互联网就是将移动通信和互联网二者结合起来，成为一体它是指将互联网的技术、平台、商业模式和应用与移动通信技术结合并实践的活动的总称。5G时代的开创以及移动终端设备的凸显必将为移动互联网的发展注入巨大的能量，移动互联网产业必将带来前所未有的飞跃，从层次上看，移动互联网可分为终端/设备层、接入/网络层和应用/业务层，其最显著的特征是多样性。应用或业务的种类是多种多样的，对应的通信模式和服务质量要求也各不相同；接入层支持多种无线接入模式，但在网络层以协议为主；终端也是种类繁多；注重个性化和智能化，一个终端上通常会同时运行多种应用。

世界无线研究论坛（WWRF）认为，移动互联网是自适应的、个性化的、能够感知周围环境的服务，它给出了移动互联网参考模型。各种应用通过开放的应用程序接口（API）获得用户交互支持或移动中间件支持，移动中间件层由多个通用服务元素构成，包括建模服务、存在服务、移动数据管理、配置管理、服务发现、事件通知和环境监测等。互联网协议簇主要有 IP 服务协议、传输协议、机制协议、联网协议、控制协议与管理协议等，同时还负责网络层到链路层的适配功能，操作系统完成上层协议与下层硬件资源之间的交互硬件 / 固件则指组成终端和设备的器件单元。

二、新的教学模式

（一）MOOC（Massive Open Online Course，大规模开放在线课程）

MOOC 在国内又称"慕课"。通俗地说："MOOC 是大规模的网络开放课程，是为了增强知识传播而由具有分享和协作精神的个人或组织发布的，散布于互联网上的开放课程。"自 2012 年以来，大规模在线开放课程在世界高校开始流行，对全球高等教育产生重要影响。美国高校先后推出 Coursera、edX 和 Udieity 三大 MOOC 平台，吸引世界众多知名大学纷纷加盟，向全球学习开放优质在线教育资源与服务。Coursera 最新统计整示，世界 109 所知名大学在该平台开放 679 门课程，769.6 万学生在该平台注册学习。我国多所"985"知名高校也已加盟以上 MOOC 平台，与哈佛、斯坦福、耶鲁、麻省理工等世界一流大学共建全球在线课程网络。

MOOC 的内涵可以从课程形态、教育模式和知识创新三个维度诠释，从课程形态的角度，MOOC 是一种将分布于全球各地的教学者和成千上万的学习者通过教与学联系起来的大规模线上虚拟开放课程。它既提供视频、教材、习题集等传统课程材料，又通过交互性论坛创建学习社区，将数以万计的学习者在共同的学习兴趣和学习目标的驱动下组织起来开展课程学习。从教育模式的角度，MOOC 是一种通过开放教育资源与学习服务而形成的新型教育模式，它通过网络实施教学全过程，允许全世界有学习需求的人通过互联网来学习。MOOC 不单是教育技术的革新，更是一种全新的教育模式和学习方式，带来教育观念、教育体制、教学方式和人才培养过程等方面的深刻变化，将驱动高等教育变革与创新。从知识创新的角度，MOOC 是一种新型的知识创新平台，它引导学习者创造性地重组信息资源和自主探究知识，支持学习者在问题场域中通过协商对话激发灵感和生成新知。MOOC 为人类创造知识、产生智慧搭建新平台，大规模、多样性的学习者、教学者和研究者相互启发碰撞观点，使其演化为内容丰富的分布式知识库。

MOOC 具有如下几个方面的特征：

1. 规模大

MOOC 规模大的特征体现在大规模参与、大规模交互和海量学习数据三个方面。首先，大规模参与是指课程参与人数的可能性增大，同时参与课程学习的学习者数量可以达到数万人甚至数十万人。而在传统的课程教学中，授课规模受物理空间和教师数量的限制，优质的教育资源难以同时为数万人共享。其次，大规模交互是指课程研讨同时有数千数万人参与，当学习者提出问题，数百人从问题的不同角度与其交流讨论。最后，学习者大规模的参与和交互使得课程产生海量的学习数据，MOOC 平台利用数据挖掘、人工智能和自然语言处理等技术，多维度和深层次分析海量学习行为数据，发现课程学习的特征和规律，动态调整学习引导策略和学习支持服务。

2. 开放性

开放性是互联网与生俱来的特性，MOOC 的开放性扩展了互联网的开放性，具有四个层次的开放特征：一是课程学习的时空自由，MOOC 学习不受时间和空间限制，学习者利用移动学习终端在任何时间和任何地点均可参与课程学习，摆脱了传统物理教室的时空限制。二是面向全球的学习者免费开放，除学习者申请课程证书需缴纳一定费用外，其数据、资源、内容和服务向全球的学习者免费开放，学习者能够无障碍地访问课程资源，自由获取信息和知识。三是课程系统开放的信息流，学习者和教学者利用网络学习工具与 MOOC 学习环境的外界保持信息交互，将专业领域中最新的知识自由地整合为课程内容，同时把课程知识应用于实践问题。四是课程学习中权威的消失，学习者利用社交媒体与同伴和教学者自由地展开互动与交流，学习者负责媒体语境的自身知识建构，达到真正的学术和言论自由。

3. 网络化

MOOC 的网络化特征体现在学习环境网络、个体学习网络和课程知识网络三个维度。在学习环境网络维度，MOOC 的学习资源通过互联网空间生成和传播，MOOC 的教与学活动利用各种网络学习支持工具在互联网络空间中实施。在个体学习网络维度，参与 MOOC 学习是学习者个体构建个体内部知识网络和外部生态网络的过程，学习者利用同化和顺应两种认知机制更新大脑中的知识网络，同时利用社交媒体工具构建个体的社交网络和知识生态网络。在课程知识网络维度，MOOC 是一个分布式知识库系统，其内部存在一个以学习者、教学者、社交媒体、学习资源和人工制品等为节点的相互交织的知识网络，知识以片段形式散布于该网络的各个节点中。

4. 个性化

与传统课程学习相比，MOOC 更能充分实现学习者的个性化学习。首先，学习者自选学习内容和自定学习步调，学习者根据学习兴趣和学习需要选修课程和确定课程学习的路径，根据自己的知识基础自定课程学习的步骤。其次，课程学习方案与课程资源的个性化推荐服务。MOOC 平台根据学习者的个人档案和学习行为使用协同过滤推荐技术向学习者推荐其可能感兴趣的课程，支持学习者创建个性化的课程学习方案，同时从海量学习资源中提取和推荐符合学习者认知需求的学习资源。最后，MOOC 内嵌学习者的个性化学习情景。学习者使用移动学习终端设备，摆脱了传统物理教室和实验室的限制，将课程学习灵活地与学习者所处的特定学习情境融合，支持学习者开展基于情景的个性化学习。

5. 参与性

参与性是 MOOC 与视频公开课、网络精品课程和精品资源共享课的必要区别之一。MOOC 与以上三类课程的相同之处是通过网络共享课程的优质资源，包括课程大纲、作业、讲义、题库、课件和教学录像；不同之处在于学习者和教学者通过在线参与课程教学活动实现课程教学的全部过程。首先，MOOC 拥有特定的教学方法和教学活动，包括课堂讲解、随堂测试、虚拟实验、师生对话、学生研讨、作业互评、分组协作、单元测试、期末考试和证书申请等，学习者除了观看教学视频，需要积极参加以上课程教学活动。其次，课程评价将学习者在教学活动中的参与度作为主要的评价维度。最后 MOOC 学习环境利用互联网的自动跟踪和记录功能，记录并保存学习者在课程学习活动中的学习行为，利用学习行为分析算法挖掘学习大数据背后的信息和规律，将形成性评价结果及时反馈给学习者和教学者，为学习者提供个性化的学习指导，帮助教学者了解课程教学效果，改进教学策略和方法，科学、全面地提高课程教学质量。

（二）SPOC（Small Private Online Course，小规模限制性在线课程）

SPOC 是由加州大学伯克利分校的阿曼德·福克斯教授最早提出和使用的。Small 和 Private 是相对于 MOOC 中的 Massive 和 OPen 而言，Small 是指学生规模一般几十人到几百人，Privale 是指对学生设置限制性准入条件达到要求的申请者才能被纳入 SPOC 课程。

国内外对于 SPOC 的实践已有先例并且取得了很好的效果，如加州圣何塞州大学使用麻省理工学院授权的电路原理课程，进行教学教师先利用

MOOC 的高质鼠教学内容并且通过系统自动评分给广学生反馈，学生在课堂上和教师以及助教进行实验和设计，最大限度地节约了上课时间，并且学生们也对这门课获得了更深入的学习体验，相比于之前，教育成本减少而且教学质量获得提高，学生的成绩较之以前提高了 5%。在中国，清华大学也开始研发并率先打造出了 SPOC 的平台"学智苑"，推出大学物理课程，配备了全套的教学资源，有十余所高校成为首批试用学校。"学智苑"平台在资源组织方式、数据分析模型、教学管理模块、内容呈现形式、学习过程支持等几个方面独具特色，赢得了高度评价，为此开设了 SPOC 模式在中国的应用。

SPOC 是 MOOC 在实践中发展的革新产物，它的基本内涵和基本特征与 MOOC 相比，既有普遍性又有其自身的特殊性，其普遍性在两者都是在线教育发展的一个阶段，其特殊性则体现在它与 MOOC 的差异性上。与MOOC 相比，SPOC 具有以下特征：

1. 教育对象具有局限性

MOOC 是一种授课对象没有人数限制且多为免费的在线教育形式，它的学习者来自世界各地，遍布全球，规模巨大。SPOC 则刚好与之相反，SPOC 以小规模著称，一般情况下，它只对在校注册学生开放，以学校为开办单位，学生参加所选的 SPOC 课程需要付费。受学生心理因素的影响，对于收取费用的 SPOC 课程，学生的学习热情和学习主动性更高，课程的学习效率也随之提高。而且由于教育对象的局限性特点，学校可以对参与SPOC 课程的人数加以控制和监督，能有效提高整个 SPOC 选修班的教学质量，改善 MOOC 教学过程中的高"辍学率"现象。

同时有人提出 MOOC 到 SPOC 的转变，使得教育从"公众普惠"转变到了"私人订制，因此 SPOC 模式只能惠及小部分在校生，在某种程度上这不利于体现教育普惠性原则。但也正因为 SPOC 是收取费用的，对于学校而言能补充一部分开发、维护和改善该课程的成本，减轻了学校尝试新教学理念和新教学方式的经济压力，有利于维持课程的可持续性发展，在校注册学生参与课程学习，能就自身的学习效果对 SPOC 课程做出及时的反馈，为教学进度、教学内容、教学方式的改善与修正提供信息依据。

2. 授课内容具有针对性

MOOC 可谓是一种低门槛甚至是无门槛的学习，MOOC 课程及其教学理念的出现对于解决教学资源不平衡现象，提高教育公平性和服务性具有重要价值。正因为其要体现教育的公平性，使任何人都能享受最优的教育资源，它的设计原则是实现面对所有普通大众的无差别教学。因此其教学内容、教学方法基本都是以统一标准被挑选、被使用，毫无差异性。而 SPOC 的出现能够打破这种无差别的教学状态，更加重视学生的个性化发展，从这个角度而言，它完善了 MOOC 教学。SPOC 一般是以专业或学校班级为单位进行课程学习，在这个集体中，学生的学科背景、理解能力、性格特征等差别不是那么明显，在此基础上提出适合该集体的教学教材与课程进度。作为一个专业或一个班级的学生，学生之间具有感情基础，教师对于学生的基本情况也有大致了解，如此一来，教师便可针对不同个性的学生、不同特点的班级，以他们的前期积累作为参考，分层分类安排教学内容，选择教学方法，从而有效地介入到学生学习过程中，提高学习内容的针对性，提升教学有效性。

未结合在线教育的传统授课形式培养学生时与工业流水线上的生产模式类似，采取的是"批量化"的生产模式。这种模式导致的后果便是：学习能力较强的优秀学生觉得学习内容简单而不会深入思考和研究教学内容，学习基础较差的学生则因跟不上学习进度而放弃学习。但在 SPOC 环境下，所有的学生进行的都是泛在学习。所谓泛在学习，即学生能够根据自身的学习条件和学习特点自主选择学习内容，掌控和调整学习时间，因此学生在 SPOC 模式的学习中，学习知识点是以观看视频自主学习作为主要学习方式的，观看视频时，理解能力较强看一遍便能知晓内容的逻辑和中心意思的学生，可以快进或跳过某些他已经知道的内容；同样理解能力不够好的学生则可以反复观看视频内容，或者中途"暂停"内容以进行巩固和强化，并在此过程中做好笔记。SPOC 模式的优势还体现在：如果有学生因个人原因请假，也不必太过于担心落下课业而跟不上教师的教学节奏。他可以在自己的空余时间将落下的课业补起来，及时跟上老师的教学进度 SPOC 的"微课程"以短时间的微视频形式呈现，在学习时间上，学生可以按主题学习，也可以利用零碎时间观看。

3.参与过程具有互动性

MOOC 学习的实践证明，完全通过互联网的学习形式在促进学生的全面发展方面还是有所欠缺的。MOOC 学习的人数众多，性格各异，学习基础学习热情千差万别，没有真实的师生互动，仅靠课程后面自带的互动提问平台进行讨论交流是无法满足每一个学生的学习需要的。MOOC 的学习方式完全依赖学生的学习主动性，这对于习惯传统教学环境的部分学生而言无疑会使其在短期内产生一定的适应困难，尽管 MOOC 学习的内容可能是由最优秀的老师录制的视频，但视频学习仍然无法令其产生学习的真实感，这也会带来一种奇怪的现象：学生用着最好的教学资源却无法实现最佳的学习效果。其中的缘由是复杂的，SPOC 教学模式正是在尝试解决这一问题的过程中产生的。SPOC 模式可以充分利用 MOOC 平台的优质资源。MOOC 的优质资源被用于 SPOC 的课前学习阶段，学生将其作为自主学习的材料，学生在学习这些材料之后还需要在线完成一定的作业和测验，教师可以通过检查和监测学生完成作业的情况了解学生的学习情况和知识背景，确保学生有自主学习这个阶段，学生掌握了一定的背景知识之后，有利于提高其参与课堂互动的教学效果。

另外，SPOC 在提升课堂互动方面比 MOOC 更具优势。采取 SPOC 模式的教学中，学习者不再是孤军奋战的个体，而是与其他学生相互联系的团体，学习的过程不是独自消化学习内容的过程，而是集体智慧的迸发和共同跃进。线上和线下相结合的方式使得学生的学习效果更加明显，师生的互动更为有效，师生和生生之间在线上和线下均有良好的互动在线上学习阶段，学习者以教师准备或推荐的学习资料为出发点，借助各种社交网站或视频网站进行学习。在这一过程中，学生可以通过网络工具积极讨论学习中遇到的困难，共享各自搜集到的学习资料，其在交流过程中会迸发出更多的学习灵感，探讨过程中也会产生一些新的内容，可作为深入学习的资源；学习者借助新的资源进行再一次的交互，重新建立自己的认知结构，能够拓展学习者的学习范围，也能有效地解决其在学习过程中的问题。教师在学生的自主学习过程中扮演的是指导者和组织者的角色，需要时常上线观测学生自主学习的情况，对于学生的学习疑惑提供适时的指导，在线上的学习阶段，教师针对学生线上学习普遍存在的问题组织学生进行讨论交流，同时也可以就某些重点问题举办讲座、情境讨论或案例分析等，以加深学生对所学知识的理解。

第四节　国内外计算机基础教育改革主要采用的理论

国外的计算机基础教育非常注重教学的理论基础，大多把教学与研究结合起来，建构主义学习理论、分层教学理论、范例教学理论与合作学习理论大多运用到计算机教学中来这里主要介绍建构主义学习理论和分层教学理论。

一、建构主义学习理论

第一，建构主义学习理论认为，学习在本质上是学习者主动建构心理表征的过程，这种心理表征既包括结构性的知识，也包括非结构性的知识和经验。心理表征的建构包括两层含义：其一，新信息的学习和理解是通过运用已有的知识和经验对新信息进行重新建构而达成的；其二，已有的知识和经验从记忆中提取的过程，同时就是一个重新建构的过程，建构新信息的过程即是对旧信息的重新建构过程由建构过程而形成的心理表征是结构性知识与作结构性的知识和经验的统一。所谓"结构性知识二是指规范的、拥有内在的逻辑系统的、从多种情境中抽象出的基本概念和原理，所谓"非结构件的知识和经验"，是指在具体情境中所形成与具体情境宜接关联的不规范的非正式的知识和经验，"非结构性的知识和经验"是心理表征的有机构成，建构主义将之视为心理建构的目标和基础。

第二，教师和学生分别以自己的方式建构对世界（社会、自然、文化）的理解，对世界的理解因而是多元的。建构主义重视师生之间、同学之间相互合作、交往的意义与价值，强调"合作学习"（cooperative learning），把增进学生间的合作交往视为教学的基本任务，教学过程即是教师和学生对世界的意义进行合作性建构的过程，而不是"客观知识"的传递过程。

第三，建构主义学习环境是开放的，充满着意义解释和建构的环境，由情境、协作、会话和意义建构四个要素构成，建构主义的教学策略以学习者为中心，其目的是最大限度地促进学习者与情境的交互作用，有主动建构的意义教师在这个过程中起引导者、组织者、帮助者、促进者的作用。在建构主义教学观的理论背景下，产生了一系列新的教学模式，其中最典型的有三个，即"情境教学""随机访问教学""支架式教学"。

以上理论的提出，让我们认识到教育理论的实质是教学实践的依据，在高等教育计算机基础教学中，如何实施有效的控制，同时又如何保证学生的自主学习这一原则，运用建构主义学习理论的中心思想作为指导，挑成传统的教育理论教学观念，尝试新的教育模式和教学方法，在教学实践中逐步形成适应于建构主义学习理论和学习环境的新型教育模式和新型教学方法，是教师们进行教学改革的当务之急。

目前，计算机基础课程在各高等院校中开设而广，该课程与其他课程不一样，实践性非常强，讲授的内容以计算机应用知识为主，要求教师在教学过程中以学生为中心，创设具有吸引力的学习场景，以兴趣调动学生，使学生能主动参与到教学活动中，在项目合作学习的实践中充分挖掘学生的创造力，培养学生的团队协作精神。而建构主义学习理论在学习环境的构建中，包含情境、协作、会话和意义建构四大要素。其中，情境创设这一点很重要，各院校对于该课程的教学方法一般采用计算机辅助教学系统（简称 CAI），计算机辅助教学的理论基础也曾经历了从行为主义到认知主义到建构主义的三次演变：从 20 世纪 60 年代初到 70 年代末，为计算机辅助教学（CAI）的初级阶段，首先是以行为主义学习理论为理论基础；接着从 70 年代初至 80 年代末，其次是以认知主义学习理论作为理论基础，进步为计算机辅助教学的发展阶段；最后是以建构主义作为理论基础，从 90 年代初至今，成为计算机辅助教学的成熟阶段。CAI 的教学优势在于能够提供独特的学习环境，运用声音、文字、图像、动画等信息调动学生的感觉器官获得知识，加深对知识的理解和记忆，这也正符合计算机基础课程的教学特征。

在教学过程中要充分利用现代教育技术和网络资源环境，随着教育信息化的迅速发展，在各地教育部门和学校的努力下，越来越多的学校教室实现了校校通、班班通，一部分实验学校开始了一对一数字化课堂（人人通）的教改实验，世界上新的教育理念和信息化教育模式，诸如可汗学院、翻转课堂以学生为中心的教学模式等逐步深入人心，一大批基础教育学校开始微课程教学法实验，各地"电子书包"项目逐步深入到数字化教材课堂教学方式变革、教师教育技术能力培训等领域，移动学习方兴未艾。融合"移动互联"、"翻转课堂"教学策略、"微课程"（微课）、学习分析系统等课程管理系统将受到学校和一线教师的欢迎；越来越多的教育应用软件（特别是移动 APP、智能教育软件等）将会逐步被学校和教师在教学中采用，特别值得关注的是甚于微信的课程管理系统、学校管理系统、丰富多彩的教育类应用将会大量涌现，从而深刻地影响教育教学。

二、分层教学理论

分层教学理论源于美国著名的教育家、心理学家布卢姆在 20 世纪 60 年代提出的"掌握学习"理论；源于苏联教育家维果茨基提出的"最近发展区"理论；源于苏联当代很有影响的教育家、教学论专家巴班斯基提出的"教学形式最优化"理论。

"掌握学习"理论认为，在教学过程中，如果能采用某种适当的组织形式并给不同学生足够的适合他们个体差异的学习时间和情感关怀，我们将可以大大改善他们的学习，提高他们的学习效率。每个学生都有两种发展水平：一是现有水平，二是潜在水平，这两种水平之间的区域被称为"最近发展区"或"最佳教学区"。教学则是从这两种水平的个体差异出发，将"最近发展区"转变为现有的发展水平，只有努力创造更高水平的最近发展区，才能促进学生的发展。

我国大学生因入学前受计算机教育程度的差异，导致入学后起点参差不齐，实行分层教学是很有必要的。分层教学正是根据学生的学习可能性将全班学生划分为若干个层次，针对不同层次的学生所具有的共同特点和基础开展教学活动，使教学的目标、教学的内容、教学的速度以及教学的方法能更符合学生的知识水平和接受能力，从而确保教学与各层次学生的最近发展区相适应。并不断地把最近发展潜能变为现有发展水平，使学生的认识水平通过教学活动不断向前推进。

教育家巴班斯基在"教学形式最优化"理论中强调指出：其一，讲授容易理解的新教材及书面练习和进行实验时，采用"个别教学"方法最好，这时候教师需个别指导，介绍其独立学习的合理方法。这一点正迎合了大学计算机基础课程教学中要求学生熟练掌握的那一部分知识的要求，如办公软件的灵活运用、输入法以及计算机软硬件的认识与装配。其二，在采用不同深度的新教材和练习演算时，可以进行不同方案的临时分组，基础稍差些的学生做容易的题目，教师提供内容纲要，辅导或辅助其完成；基础好的学生做稍难的题目，思考学习的多种方案。为服务专业学习，不同专业还需开设计算机类的扩展课程，如程序设计语言、工程制图或艺术设计类软件等。这些课程难易程度不一，如采取分组分层次的教学模式，既顾及了学生之间的个体差异，又避免了不分对象的"一刀切"模式，还能提升因材施教的可操作性，更大程度地提高教学效率，这也是目前班级授课制条件下实施的个别化的有效模式。其三当讲授较为复杂、分量较多的新教材时，可以采用集体讲授或集体谈话的形式。[①]"分点递进教学"实质上就是把这三者有机地结合起来，在集体教学的基础上进行分组教学及个别教学。

分层教学实质是一种教学模式，更是一种教学思想，它有别："精英式教育"或"淘汰式教育"。它是在班级授课的前提下，教师根据学生的知识基础、能力水平、个性特长、接受能力及认知水平等方面的差异，在教学活动中把班级里不同程度的学生分成不同的层次，并提出不同的教学目标、教学要求，设计不同的教学内容和教学方法，使所有学生在学习过程中都能发挥其特长，主动获取知识，感受到成功的愉悦，并以原有的知识为基础，从而得到更好的发展与提高，最终取得最佳的教学效果，使学生的个性和潜能得到更好的发挥。在计算机课程教学中实施分层教学，不仅可以提高学生的学习兴趣，还能避免知识水平两极分化的矛盾，充分发挥学生的积极性和主动性，适应学生对不同内容的需求，有效解决班级授课制中原有的缺陷和矛盾。

第五节　国内外计算机基础教育人才培养模型

通过对高等教育和高等职业教育的研究，借鉴美国著名组织行为学者大卫·麦克利兰（David McClelland）的能力模型（Competency Model）概念，我们认为，该能力模型同样可用于计算机基础教育领域。基于人才培养的能力模型包括能力概念、要素、结构以及培养途径等方面的内容。首先，能力是人们完成某事的状况以及某人做某事的技术水平，可分为通用能力与专业能力两类，前者指大多数活动共同需要的能力，后者指完成专业活

---

① 巴班斯基.教学教育过程最优化 方法论原理[M].赵维贤译.北京:人民教育出版社,1985.

动所需的能力。随着现代经济社会的发展，能力已经形成了多元结构关系，并且与知识、素质密不可分。实施能力导向的教育必须搞清能力的内涵，即能力要素及要素间的结构关系。

对不同类型的人才培养，应以能力模型中部分能力为核心，而能力培养又大体可分为三种途径：第一种途径是基于学术或研究能力的培养途径，应以学科知识为基础，以专业智能为核心，逐步提升科学思维能力。第二种途径是基于工程技术、管理服务以及高技能的培养途径，应以计算机相关理论知识和基本技能为基础，以专业行动能力为核心，逐步提升科学行动能力。第三种途径是基于专门技能的培养途径，应以基本技能和相关知识为基础，以基本技能的综合运用为核心，逐步提升工作任务能力。

计算机基础教育多样化发展是高等教育和高等学校分类发展的必然结果。基于高等教育和高等学校分类发展而产生的计算机基础教育多样化发展将成为这一时期计算机基础教育教学改革的主要特征。分类发展的核心是人才培养的分类，依据不同的人才培养目标，有三种模式的计算机基础教育发展解决方案。

一、以"计算思维"为核心的计算机基础教育模式

计算机基础教育的第一种模式是以"计算思维"（Computational Thinking，CT）为核心的大学计算机基础教育模式。计算思维是运用计算机科学的基础概念去求解问题、设计系统和理解人类行为。"计算思维"的本质是抽象和自动化。

尽管"计算思维"在人类思维的早期就已经萌芽，但计算机的出现强化了"计算思维"的意义和作用。2006年，美国卡内基·梅隆大学计算机科学系主任周以真（Jeannette M.Wing）教授首先提出"计算思维"的概念，认为"计算思维"是运用计算机科学的基础概念进行问题求解、系统设计以及人类行为理解等涵盖计算机科学之广度的一系列思维活动。我国学术

界对"计算思维"给予了高度重视，认为"计算思维"是一种本质的、所有人都必须具备的思维方式，是解决其他信息科技难题的基础。教育部高等学校计算机基础课程教学指导委员会在2010年5月的合肥会议、2010年7月的西安会议和2010年9月的太原会议上，均把"计算思维"列为会议主要议题。特别是在《九校联盟（C9）计算机基础教学发展战略联合声明》中，在总结计算机基础教学发展规律的基础上，确定了以"计算思维"为核心的计算机基础课程教学改革，提出了以"计算思维"为核心的大学计算机基础教育模式，设计了以"计算思维"为核心的能力培养目标、计算机基础课程体系和实验体系，为新一轮的大学计算机基础课程改革作了前期准备工作。计算机基础课程教学指导委员会还指出，以"计算思维"为核心的大学计算机基础教育模式适用于研究型大学学生的计算机知识、计算机应用能力和"计算思维"的培养，可以作为研究型大学第一门计算机课程的定位和教学内容设计，以"计算思维"为核心的大学计算机基础教育应主要培养学生掌握计算机学科的基础知识以及知识的运用能力，并提升其"计算思维"能力。因此该模式符合能力模型中的第一种培养途径，即以学科知识为基础，以专业智能为核心，逐步提升科学思维能力，其目的是构建学术性人才培养的计算机基础教育教学体系。

二、以"行动能力"为核心的计算机基础教育模式

计算机基础教育的第二种模式是以"行动能力"为核心的计算机基础教育模式。行动能力是解决没有确定性结果、难以直接用固定指标衡量的问题的能力。行动能力也可分为专业层面的行动能力和通用层面的行动能力。面向专业工作的行动能力称为专业行动能力，面向通用层面的行动能力称为科学行动能力。行动能力包括信息采集、科学思维、分析决策、计划方案、实施评价等行动过程要求的能力。现代信息技术是支持行动能力的基础，因此，加强行动能力必须与现代信息技术相结合。

20 世纪中后期，随着技术发展和工业进步，开始产生一种新的能力需求。20 世纪 70 年代，西方一些发达国家出现了一场被称为新浪潮的"批判性思维"（Critical Thinking）运动，认为培养"批判性思维"能力，对于应付复杂多变的世界是必要的，此后，"批判性思维"被普遍确立为高等教育的目标之一。美国前总统奥巴马于 2009 年提出"我已经要求美国各州州长与教育部门主管，尽快建立起 21 世纪能力—如问题解决、批判性思维等能力的标准与评量系统"，不仅将"批判性思维"与解决问题的行动联系起来，而且推动其成为美国公民必须具备的现代能力。美国教育测验服务机构（ETS）又将信息技术与"批判性思维"相结合，提力以"数字素养核心能力"及"批判性思维"为中心的信息与决策、逻辑思考与问题解决全方位解决方案（Information & Critical Thinking，ICT）。与此同时，欧洲一些发达国家也关注到这一新的能力需求。1988 年，德国不来梅大学技术与教育研究所（ITB）发表了题为《技术和工作的设计：以人为中心的计算机集成制造》的研究报告，提出"教育的培养目标是培养人参与设计工作和技术的能力，即设计与建构能力"。"设计与建构能力"的理论核心是"在教育、工作和技术三者之间没有谁决定谁的简单关系，在技术的可能性和社会需求之间存在着人为的和个性化的设计与建构空间"。英国学者托马斯·里德将这一能力称为"行动能力"，在他所著的《论人的行动能力》一书中提出"行动能力"在人的能力体系中扮演着重要的角色，往往恰当的行动比正确的思考或聪明的推理更有价值。① 因此，"行动能力"与人的智力能力一样，值得成为人的普适性能力和哲学探究的主题。

进入 21 世纪以来，我国高等教育和高等职业教育教学改革都十分关注"行动能力"的培养，探索以"行动能力"为导向的人才培养模式。如前所述，"行动能力"可以成为普适性能力，且必须与 IT 结合才能实施。因此，我们认为，"行动能力"应成为计算机基础教育的又一培养目标，主要培养面向工程技术、管理服务等专业领域的应用性本科人才和高等职业教育的

---

① 托马斯·里德. 论人的行动能力 [M]. 丁三东译. 杭州：浙江大学出版社，2011.

高端技能型人才。

以"行动能力"为核心的计算机基础教育模式符合能力模型中的第二种培养途径。在掌握计算机基础知识和基本技能的基础上，以解决相关问题为核心，逐步提升科学行动能力，为培养一类新的"思维科学、善于行动"的高级人才构建计算机基础教育模式。

三、以"综合应用技能"为核心的计算机基础教育模式

计算机基础教育的第三种模式是以"综合应用技能"为核心的计算机基础教育模式在能力模型中，技能分为动作技能和智力技能，由熟练的肢体动作和体力就可以完成的技能称为动作技能；而需要知识的支持，由大脑加工决定的技能称为智力技能。计算机技能一般需要得到计算机原理、方法等方面的理论和实践知识的支持，因此，属于智力技能范畴。而对于非计算机专业的计算机应用，不仅需要各相关专业方面的知识和能力，而且仅就计算机应用而言，也往往是各种计算机基本技能的综合运用。因此，对于非计算机专业的计算机教育，至少应以培养计算机的"综合应用技能"为基本要求。以"综合应用技能"为核心的计算机基础教育模式符合能力模型中的第三种培养途径，即以计算机基本技能和相关知识为基础，以计算机基本技能的综合运用为核心，逐步提升他们在从事各自专业工作中综合运用计算机技术的能力。

以上三种模式可供不同类型学校依据教育性质和人才培养目标进行选择。每种模式分别由一组课程组成，称为计算机基础课程体系，不同专业可从计算机基础课程体系中进行选择，但"计算机届础"课程应为计算机基础教育必修的第一门课程。

第六节　国内外计算机基础教育改革研究与分析

非计算机专业占全体大学生的 90% 以上，对这部分学生进行计算机教育是提高高等学校教学质量的重要组成部分。由于我国计算机基础教育的发展只有短短的 40 多年，而且覆盖的专业众多，涉及的学校类型各异，因此，计算机基础教育存在一些问题。根据国外特别是美国的计算机基础教育情况，国外的同行们在计算机基础教育教学理念、教学内容、教学方法等方面做了很多很好的探索，很多经验值得我们国内高等学校学习、借鉴和推广。

一、中外计算机基础教育历史回顾

研究计算机基础教育的现状和问题，需要首先研究计算机基础教育的历史。

在历史背景下重新审视中外计算机基础教育的发展历程，总结经验，寻找借鉴之处。

（一）我国计算机基础教育发展历程

我国高校的计算机基础教育主要经历了五个阶段：萌芽阶段、起初阶段、形成阶段、发展阶段和提高阶段。

萌芽阶段始于 20 世纪 70 年代末，该阶段的计算机基础教育以介绍一些计算机发展史和硬件基础知识为主，并开设了一些算法语言课。

80 年代初，随着 PC 机、操作系统以及 BASIC 语言软件的出现，计算机基础教育得到一定程度的普及，进入了初始阶段。国内理工科院校纷纷为非计算机专业的大学生开设了计算机课程，目的是解决科学计算和数据管理问题。在此期间，谭浩强教授等出版了《BASIC 语言》。全国高等院校计算机基础教育研究会成立，并在 1985 年提出了计算机基础教育要分成

4 个教学层次，即计算机基础知识与微型机系统的操作与使用、高级语言程序设计、软硬件基本知识、结合各专业的计算机应用课程。

90 年代，随着工科计算机基础课程指导委员会和文科计算机教育指导小组的相继成立，国家教育委员会开始面向全体大学生开展计算机基础教育，这时计算机基础教育进入了形成阶段。1997 年教育部发布的 155 号文件，全面提出了对大学生进行计算机基础教育的目标、要求和内容，并提出了计算机基础教育要分成 3 个层次：即计算机文化基础、计算机技术基础、计算机应用基础。

计算机基础教育的发展阶段是从 20 世纪末到 21 世纪初。IE 计算机专业的计算机基础教育逐步开始规范，许多学校成立了计算机基础教学部或教学研究机构，非计算机专业的计算机基础教育内容也开始变得丰富多彩。除了计算机发展史、程序设计语言的学习外，增加了 Word、Excel、PPT、网络知识、网页制作、电子邮件、多媒体技术等内容，有些专业还开设了"C++""Java""数据库技术""数据结构"等课程，形成了现在的计算机文化基础的教育模式，即包括计算机基础知识、计算机操作技能、计算机程序设计和计算机应用基础等内容。

21 世纪以来，计算机基础教育取得了长足的发展，进入到提高阶段。教育部 2004 年正式颁发"关于进一步加强高校计算机基础教学的几点意见"的《计算机基础教育白皮书》，使得计算机基础教育在高校的地位得到了明显的提升，教学条件也有了较大的改善，教学质量有了很大的提高，同时形成了稳定的师资队伍和有力的研究团队，教材建设也有了很大的发展。

（二）美国计算机基础教育发展历程

国外大学计算机基础教学几乎经历了和我们一样的历程，但是它们起步较早，发展速度快。其中，美国是世界上开展计算机教育、网络教行、信息技术教育最早的国家。这与其科技、经济、军事、教育等方面的领先发展密切相关。

20 世纪 70 年代初，美国开始大范围非计算机专业的计算机教育，并且持续到 80 年代，主要课程有"程序设计"和"计算机文化基础"以及各种工具软件的使用。据 1985 年的一个调研表明：60% 的大学新生有半年以上的计算机学习经历，其主要源自美国的中学计算机教育发展迅速。到了 80 年代中后期，美国的计算机普及教育发生了思路上的转变。1989 年发表在 ACM 的一篇文章提出，新一代的计算机文化基础应该是一个面向原理的课程，即建议计算机基础教育应当讲计算机的原理课程和代表计算灵魂的算法课程。另有思路认为，高校的计算机基础应该讲述"信息素养"和"信息技术通晓"课程，其目的是让学生具有获取和维护各种数字信息的能力。

80 年代中后期，许多大学开始为非计算机专业开设"计算机导论"课，该课程开设的目的是介绍计算机的工作原理和几十年来取得的成绩，最大限度理解计算机的能力和局限。其主要内容包括程序设计、软硬件等基础，也包括如程序时间复杂性、并行体系结构、不可计算性和人工智能等一"提高内容。学生的实践活动主要包括编程练习、电路设计问题、汇编语肃程序设汁、手工仿真编译程序、研究程序的执行时间、并行机的程序设计、不可计算性证明和一些人工智能系统的手工仿真。

美国教育行政实行地方分权制，各地都有教育自主权，教育的目标、内容、课程、教科书等因地区而异，信息技术教育也呈现多元化格局。因此，美国十分重视国家统一标准的研制工作。在信息技术教育方面，1985 年，美国科学促进协会（AAAS）发起了有关教育改革长期规划的研制工作，聘请了 400 位国内外著名的科学家、教授、教师、管理人员，用了近 4 年的时间于 1989 年完成并公布了题为《2061 计划：面向全体美国人的科学》。该计划对美国信息技术教育发展的意义在于：一是将信息科学、计算机技术、人工智能纳入科学教育体系中。二是把提高全民的"科学素养"作为科学教育的首要"标和解决教育问题的主要办法。这为"信息素养"概念的拓展奠定了基础。三是对实行地方分权制的美国教育体制而言，建立了一个学校教育改革的统一规划和标准。

1998 年，美国全国图书馆协会和教育传播与技术协会制定"学生学习的九大信息素养标准：能有效地、高效地获取信息；能熟练地、批判性地评价信息；能精确地、创造性地使用信息；能探求与个人兴趣有关的信息；能欣赏作品和其他对信息进行创造性表达的内容；能力争在信息查询和知识创新中做得最好；能认识信息对民主化社会的重要性；能实施与信息和信息技术相关的符合伦理道德的行为；能积极参与小组的活动来探求和创建信息。

作为信息索养理论和标准的一种发展，1999 年，美国国家研究委员会（NRC）推出了题为《信息技术通晓》的报告。该报告所提出的"信息技术通晓"超出计算机基本能力的传统概念，它要求人们能够广泛地理解信息技术，能够在工作和日常生活中富有成效地运用信息技术。该报告将"信息技术通晓"分为暂时性技能(Contemporary Skills)基础性概念(Foundational Concepts) 和智力性能力（ Intellectual Capabilities ）3 个方面。

此外，2000 年美国国际教育技术协会（ISTE）联合有关团体制定了《国家教育技术标准》。其中的"全体教师的教育技术标准"和"全体学生的教育技术标准，详细规范了师生信息技术知识与能力的基本构成和要求，对美国信息技术教育和教育技术的发展具有重要的一体化促进作用。

无论是信息素养还是信息技术通晓，它们的本质都非常关注问题解决。将信息技术作为问题解决和决策的工具，不是简单的学习，而强调其工具论，把信息技术作为处理信息的工具、问题解决的工具和交流协作的工具。

二、中外高校计算机基础教育课程设置比较

（一）国内计算机基础教育课程设置存在的问题

基于自身的教学实践，以及对几所不同类型大学的研究分析，国内高校计算机基础教育还存在以下几个方面的问题：

1.公共基础教育内容较偏重操作技能

国内的计算机基础教育课程"大学计算机文化基础"，是非计算机专业本科生的第一门计算机课程，较为全面地讲述了计算机科学与技术学科中的一些基础性知识和通要概念。但是，更多的是强调操作技能的掌握，没有在更高的层次上利用计算机解决问题。

2.公共基础教育课程设置存在"一刀切"现象

从一些大学的调查问卷中可以看出，大部分来自城市的大学新生在中学已经接受过一些计算机基础教育。但是，大学里计算机基础课程的设置是从零起点开始的。因此，很多学生兴趣不大，感到"流于形式，收效甚微"；而来自农村的学生又需要从零学起计算机基础知识。因此，目前的计算机基础课程内容还较为单一，没有层次性，还不能完全适用。

3.计算机基础教育和学生专业脱节

国内的计算机技术基础和应用基础课，普遍存在着统一由计算机学院负责安排教学计划、教学大纲以及教学进度的情况。也就是由计算机学院的专家决定非计算机专业的学生学什么是有益的，并且据此制定相应的课程规划。但作为计算机学院的专家是无法详细了解各个专业能够应用到什么样的计算机知识的，也无法针对学生的专业来安排课堂内容。所以，对于学生来讲，就好像一个想学开车的人却在学习如何造汽车和修汽车，并没有学习到他所需要的计算机知识。

（二）国外计算机基础教育课程设置情况

相比之下，国外的计算机基础教育在课程设置上更侧重培养信息素养的教学理念，同时更面向应用，具有很强的专业针对性；时于同样的课程，其教授内容也更为深入。

1.计算机基础教育课程

国外与"大学计算机文化基础"相类似的基础课程是"计算机导论"和"信息技术"。该类课程设置的目的在于让不同专业的学生懂得计算机科学的基本原理，教给学生计算机科学中一些伟大的思想与发明，通过这些预备知识，让学生能够最大限度地为将来理解计算机的能力和局限性打好牢固基础，使之能在所从事的行业中学以致用。与此同时，教给学生很多计算机方面的实用知识，培养一些实用性技巧（如软件包的操作及其在实际情况下的应用）。例如：华盛顿大学开设的导论课程就有"信息技术通晓"、"计算机程序设计1和2"三门之多；美国卡内基·梅隆大学的计算机导论课讲述的内容包括计算机科学的发展史、如何用算法表达计算程序、数据的组织、算法设计的技巧、优化、计算的极限、并发性、公钥密码学、人工智能以及计算的未来等、麻省理工学院（MIT）的公开计算机基础课程是"信息技术"，其主要讲授计算机硬件、操作系统及软件基础、数据库、网络与通信、分布式计算与Web技术、电子商务应用等内容。这些课程的目的是教给学生计算机科学的原理而非编程，着重强调的是从计算角度看计算机科学中的主要贡献，学生着重对计算能力的理解以及在计算机科学中会遇到的可能影响其他学科的问题。

2. 计算机应用基础教育

国外的计算机应用类课程在设置上往往更有针对性，通常是围绕计算机科学中最让人感兴趣的应用领域或者结合学生的专业进行讲授。

例如：美国哈佛大学雷纳（Leilner）等人就提倡讲授计算机应用课程，目的在于让学生学会用计算机系统刻画和解决实际问题，以加强其相应计算机概念的理解与认识。他的课程内容包括光线跟踪、动画粒子系统、交互优化、图像增强、人脸识别以及万维网上的信息检索等学生最感兴趣的话题。波兰的Portland Coinnninily College大学开设了学生感兴趣的计算机游戏导论以及游戏程序设计。

3. 计算机编程课程

国外的计算机编程课程设置了超越计算机语言的语法讲授，这些课程重点是介绍计算机学科的整体情况，让学生明白计算机编程只是整个计算机学科的一部分。课程所要达成的目标在于向学生传递一种计算机"感觉"，注重培养学生清晰思考的能力，培养学生通过编程解决实际问题的能力，以及感知计算机可以解决哪类问题的宜觉能力。教学中的案例都经过了认真、仔细的挑选，向学生展示这些例子与所学知识的内在关联，教给他们将来科学学习的技巧。例如：美国马可雷斯特大学的矩阵实验室（Matlab）程序设计课程中，一半用来介绍 Matlab 编程，包括数据类型、函数的参数传递、索引、读取标准文件的操作（如文本文件、电子表格）、构造函数、条件和函数；一半用来介绍理工科的实例，如声音（音乐合成、降噪声、速度变化等）、图像（颜色调整、图像分片、边缘检测等）与数学的联系（公式的运用）、计算机科学（Fibonacci 函数、汉诺塔、最优匹配、生物信息等）以及图形用户界面（识别图像上的点）等。

4. 课程体系

国外大学在课程体系的安排上显得更加灵活和有弹性，因此更具有科学性。例如：剑桥大学的计算机学位课程划分为 3 个部分（ParI IA，Part IB 和 Part II），不同体系体现了不同的特色。前两个部分强调在计算机科学领域的扎实基础，而后一个部分是专门深入的学习。其第一、第二年的基础课程涵盖了计算机科学基础理论和实践课程，包括面向对象语言 Java、操作系统、离散数学、密码学分析、算法、数字电子学、有限自动机、软件设计和专业实践等，其中数字电子学包括数字组件和电路基础。第二年的课程主要是计算机专业核心技术与理论课程，例如：实践课程包括计算机设计、数字通信、编译器构造和图形学等；理论课程包括语义学、逻辑与证明和计算复杂性等。第三年的课程主要是专业性很强的课程，学生根据兴趣和需求，选择偏向工程、理论或者应用方面的课程。

三、国外计算机课程设置的借鉴

通过上述调研，我们发现国外的计算机课程设置有如下几个特点值得我们借鉴。

第一，计算机基础教育的教育理念。国外对于非计算机专业的基础教育定位较为准确：计算机基础教育是以培养信息素养为核心的一种普及教育，要求学生能够广泛地理解信息技术，能够在工作和日常生活中富有成效地运用信息技术。计算机基础教育不是仅要求学生掌握某种信息技能，而是让学生能够最大限度地为将来理解计算机的能力和局限性打好基础，使之能在所从事的行业中学以致用，以及能和计算机专业人才良好沟通。

第二，计算机基础教育和学生的专业结合紧密，根据不同专业特色进行课程设置以及课程内容、作业的安排。这样计算机就不再是一些抽象的概念，而是其熟悉领域内一个可以解决问题的工具。

第三，计算机基础教育体系结构设置更具有科学性。内容上丰富，灵活，具有层次性，既强调基础理论，又重视实践，学生可以根据自己的兴趣和需求，安排自己的学习。

四、我国计算机基础教育改革的对策

我们要改变传统的计算机教育观念，根据我国现在国情，借鉴国外先进经验。为此，我们针对我国计算机基础教育提出一些相应的对策：

（一）充分面向专业

不同专业对计算机应用的要求和特点是不同的。应该针对不同专业的需求和特点，构建不同的课程体系，设置不同的课程，选择不同的内容和教材，使学生在自己熟悉的领域为解决问题而学习使用计算机，而不是单纯仅仅为了学习计算机。同时，也可以采用多种方式（如竞赛的形式）促进计算机专业学生和非计算机专业学生的各种合作。

（二）改革评价体系

目前，高校对计算机基础教育的考核往往只关注知识点，而不注意学生的实践能力。由于评价体系的局限，很难在教学中落实能力培养的理念，也很难让不同专业的学生自主决定教学内容。

（三）注重培养学生的信息素养

在课堂上采用体现"以学生为本"的教学方法，让学生能够在老师的指导下，采用诸如基于解决问题的学习、基于证据的学习和质询式的学习等方法主动进行思考。这样比只通过讲课和课本知识能够获得更深层次的思考技巧，从而更有效地提高信息素养。有了信息素养学生就会有更多自主学习的机会，因为他们可以利用多样的信息资源来扩充知识，提出好的问题，增强判断思维意识以应付进一步的自主学习。学生的本科和研究生阶段，他们必须多次地查询、评估和管理从不同来源和运用不同学科性的研究方法所收集到的信息，而这正是信息素养的一种体现。

第二章 计算机专业教学现状与改革

通过教学改革与研究，树立先进的人才培养理念，构建具有鲜明特色的学科专业体系和灵活的人才培养模式，才能造就适合当地经济建设和社会发展的、适用面广、实用性强的专业人才。

第一节 当前计算机专业人才培养现状

一、专业定位和人才培养目标不明确

国内重点大学和知名院校的专业培养强调重基础、宽口径，偏重于研究生教育。而高校由于生源质量、任课教师水平等诸多因素的影响，要达到重点院校的人才培养目标确实勉为其难。高校的生源大部分来自农村和中小城市，地域和基础教育水平的差异，使得他们视野不够开阔，知识面不够宽。许多与实践能力培养相关的课程与环节在片面追求升学率的情况下被放弃。这些学生上大学，怀有"知识改变命运"的个人目标，对于来自农村的生源来说是无可厚非的。然而一进入大学之门，就被学校引导进入以考取研究生或掌握一技之长为目的的学习之中，重蹈中学应试学习之路。过于迫切的愿望，导致他们把学习的考试成绩看得特别重，忽视了实践能力的运用。加上高校的学术氛围、学习风气的影响，教学效果一般难与重点院校相提并论，所以培养出来的学生基本理论、动手能力、综合素

质普遍与重点大学和社会对人才的需要有一定的差距。专业定位和培养目标的偏差，造成部分高校计算机专业没有形成自己的专业特色，培养出来的学生操作能力和工程实践能力相对较弱，缺乏与社会的竞争力。

二、培养方案和课程体系不能因地制宜

计算机专业的培养方案和课程体系，除了学习和借鉴一些名牌大学、重点大学之外，有些是对原有计算机科学与技术专业的培养计划和课程体系进行修改。无论何种方式，由于受传统的理科研究性的教学思想的影响，都是从研究软件技术的视角出发制定培养方案和设计课程体系的。这些课程体系不是以工程化、职业化为导向，而是偏重理论教育，特别是与软件课程相关的技能与工程实训很少，甚至根本没有。按照这样的培养方案和课程体系，一方面软件工程专业实训内容难以细化，重理论轻实践，虽然实验开设率也很高，也增加了综合性、设计性的实验内容，但是学生只是一味机械地操作，不能提高学生自己动手、推理能力，从而造成了学生创新能力不足。另一方面，课程内容陈旧、知识更新落后，忽视针对性和热点技术，无法跟上发展迅速的业界软件技术，专业理论知识难度较大，学生很难完全掌握吸收，又学不到最新的专业技术，专业成才率较低。

生源质量、师资水平、地方经济发展程度的不同，要求高校培养人才要因地制宜，探索出真正体现高校计算机专业特色的培养计划和课程体系，培养出适合企业需要的软件工程技术人才。

三、实践教学体系建设不完善

计算机专业的集中实践教学环节的硬件条件，大多按照教育部评估的要求进行了配置，实践课程也按照计划进行了开设。但是很多都是照搬一般的模式，有些虽然也安排学生到公司实习，但是对如何从实验教学、实训教学、"产、学、研"实践平台构建等环节进行实践教学体系的建设的

考虑还远远不够，更谈不上如何根据专业自身的生命周期和需要进行实践教学的安排。很多实践过程学生根本就没有深入地学习，只是做了一些简单的验证实验，没有深入分析问题、解决问题的过程。另外，学生实验、实践和实训都是以个人为单位，缺少团队合作精神和情商培养，学生以自我为中心，缺乏与人沟通的能力和技巧，难以适应现代 IT 企业注重团队合作的工作氛围。

四、缺少有项目实践经历的师资

高校计算机专业的师资力量相对于重点院校还是相当薄弱。相当一部分教师是从校门到校门，缺少项目实践经历，没有生产一线的工作经验。另外，学校与行业企业联系不够紧密，教师难以及时了解和掌握企业的最新技术发展和体验现实的职业岗位，致使专业实践能力明显不足。"双师"素质的教师在专任教师中所占比例较低。真正符合职业教师特点和要求的教师培训机会不多，很多教师以理论教学为主导地位的教育观念没有改变，没有培养学生超强实践能力的意识，导致在教学过程中过分强调考试成绩，实践课程的学习成了附属品。没有好的师资很难培养出优秀的软件工程人才。

五、教学考核与管理方式存在问题

高校扩招后，高校普遍存在师资不足的问题。因此，理论课程和实践课程往往由同一名教师担任，合班课也非常普遍。为了简化考核工作，课程的考核往往就以理论考试为主，对于实践能力要求高的课程，也是通过笔试考核，60分成了学生是否达到培养目标、是否能毕业的一个铁定的指标。学习缺乏过程性评价和有效监控，业余时间多且无人管理，给学生的错觉是只要达到60分，只要能毕业，基本任务就完成了，能否解决实际问题已不重要。这些问题在学生毕业设计、毕业（论文）阶段也非常突出，但因为学生面临找工作以及毕业设计指导管理等问题，毕业设计阶段对学生工程实践能力的培养也有弱化的趋势。

第二节　计算机专业教育思想与教育理念

任何一项教育教学改革，必须在一定的教育思想和先进的教育理念的指导下进行，否则教学改革就成为无源之水、无本之木，难以深化持续开展。

一、杜威"做中学"教育思想的解读

约翰·杜威（JohnDeWey，1859—1952）是美国著名的哲学家、教育家和心理学家，其实用主义的教育思想，对 20 世纪东西方文化产生了巨大的影响。联合国教科文组织产学合作教席提出的工程教育改革的三个战略"做中学"、产学合作与国际化，其中的第一战略"做中学"便是由杜威首先提出的学习方法。

"教育即生活""教育即生长""教育即经验的改造"是杜威教育理论中的 3 个核心命题，这 3 个命题紧密相连，从不同侧面揭示出杜威对教育基本问题的看法。以此为据，他对知与行的关系进行了论述，提出了举世闻名的"做中学（Learning by doing）"原则。

（一）杜威教育思想提出的时代背景

19 世纪后半期，经过"南北战争"后的美国正处在大规模的扩张和改造时期。随着工业化进程的加快，来自世界各国的大量移民涌入美国，促进了美国资本主义经济的迅速发展。但是大多数移民受教育程度不高，在美国经济中扮演的是廉价的农业或工矿业非熟练工的角色。一方面，资产阶级迫切需要大量的为他们创造剩余价值而又被驯服的、有较高文化程度的熟练工人。另一方面，在年轻的移民和移民后裔的心中也有着强烈的愿望—通过接受教育从而改变其窘迫的生活现状。此外，工业化和城市化进程在加快美国经济发展速度的同时，也引发了一系列的社会问题，如环境恶化、贫富差距加大、城市犯罪增多、公立教育低劣和频繁的经济危机等。由此产生的轰轰烈烈的农民运动和工人运动，对美国教育的改革提出了更为紧迫的要求。如何使学校教育适应工业化的进程，如何使移民及移民子女受到他们所需要的教育，按照美国的生活和思维方式来驯化他们，使之"美国化"并增强本土文化意识，成为当时美国社会人士特别是教育界人士必须面对和思考的一个重要问题。

19世纪中期的美国社会，在学校教育领域中占据统治地位的是赫尔巴特的教育思想。赫尔巴特认为，教学是激发兴趣、形成观念、传授知识，培养性格的过程。与此相适应，他提出了教学的4个阶段，即明了、联想、系统、方法。①赫尔巴特教学的形式阶段的致命弱点就是过于机械、流于形式，致使学校生活、课程内容和教学方法等方面极不适应社会发展的变化。

面对美国工业化进程引起的社会生活的一系列巨大变化，杜威进行了认真而深入的思考，主张学校的全部生活方式，从培养目标到课程内容和教学方法都需要进行改革。杜威在其《明日之学校》（*School of Tomorrow*）里强调："我们的社会生活正在经历着一个彻底的和根本的变化。如果我们的教育对于生活必须具有任何意义的话，那么，它就必须经历一个相应的完全的变革……这个变革已经在进行……所有这一切，都不是偶然发生的，而是出于社会发展的各种需要。"②以杜威为代表的实用主义教育思想的产生，是社会发展的必然趋势。

（二）"做中学"提出的依据

从批判传统的学校教育出发，杜威提出了"做中学"这个基本原则，这是杜威教育思想重要组成部分。在杜威看来，"做中学"的提出有三方面的依据。

① 赫尔巴特.教育学讲授纲要[M].李其龙译.北京：人民教育出版社，2015.
② 约翰杜威.学校与社会 明日之学校[M].赵祥麟等译.北京：人民教育出版社，1994.

1. "做中学"是自然的发展进程中的开始

杜威在《民主主义与教育》（*Democra Cyand Education*）一书中指出，人类最初经验的获得都是通过直接经验获得的。自然的发展进程总是从包含着"做中学"的那些情境开始的，人们最初的知识和最牢固地保持的知识，是关于怎样做的知识。他认为人的成长分为不同的阶段，在第一阶段，学生的知识表现为聪明、才力，就是做事的能力。[①]例如，怎样走路、怎样谈话、怎样读书、怎样写字、怎样溜冰、怎样骑自行车、怎样操纵机器、怎样运算、怎样赶马、怎样售货、怎样待人接物等。"做中学"是人成长进步的开始，通过从"做中学"，儿童能在自身的活动中进行学习，从而开始他的自然的发展进程。而且，只有通过这种富有成效的和创造性的运用，才能获得和牢固地掌握有价值的知识。正是通过从"做中学"，学生得到了进一步成长和发展，获得了关于怎样做的知识。随着儿童的长大以及对身体和环境的控制能力的增加，儿童将在周围的生活中接触到更为复杂和广泛的方面。

2. "做中学"是学生天然欲望的表现

杜威强调说现代心理学已经指明了这样一个事实，即人的固有的本能是他学习的工具，一切本能都是通过身体表现出来的。所以抑制躯体活动的教育，就是抑制本能，因而也就是妨碍了自然的学习方法。与儿童认识发展的第一阶段特征相适应，学生生来就有天然探究的欲望，要做事，要工作。他认为一切有教育意义的活动，主要的动力来自于学生本能的、由冲动引起的兴趣上。因为这种由本能支配的活动具有很强的主动性和动力性特征，学生在活动的过程中遇到困难会努力去克服，最终找到问题的解决方法。"进步学校"在一定程度上把这一事实应用到教育中去，运用了学生的自然活动，也就是运用了自然发展的种种方法，作为培养判断力和正确思维能力的手段。这就是说，学生是从"做中学的。"

---

① 杜威.民主主义与教育 [M].王承绪译.北京：人民教育出版社，1990.10.

3."做中学"是学生的真正兴趣所在

杜威认为，学生需要一种足以引起活动的刺激，他们对有助于生长和发展的活动有着真正的浓厚的兴趣，而且会保持长久的注意倾向直到他将问题解决。对于儿童来说，重要的和最初的知识就是做事或工作的能力。因此，他对"做中学"就会产生一种真正的兴趣，并会用一切的力量和感情去从事使他感兴趣的活动。学生真正需要的就是自己去做，去探究。学生要从外界的各种束缚中解脱出来，这样他的注意力才能转向令他感兴趣的事情和活动。更为重要的是，如果是一些不能真正满足儿童生长和好奇心需要的活动，儿童就会感到不安和烦躁。因此，要使儿童在学校的时间内保持愉快和充实，就必须使他们有一些事情做，而不要整天静坐在课桌旁。"当儿童需要时，就该给他活动和伸展躯体的自由，并且从早到晚都能提供真正的练习机会。这样，当听其自然时，他就不会那么过于激动兴奋，以致急躁或无目的的喧哗吵闹。"①

（三）"做中学"的内涵

杜威认为在学校里，教学过程应该就是"做"的过程，教学应该从学生的现在生活经验出发，学生应该从自身活动中进行学习。从"做中学"实际上也就是从"活动中学"、从"经验中学"。把学校里知识的获得与生活过程中的活动联系起来，充分体现了学与做的结合，知与行的统一。从"做中学"是比从"听中学"更好的学习方法。在传统学校的教室里，一切都是有利于"静听"的，学生很少有活动的机会和地方，这样必然会阻碍学生的自然发展。

杜威的"做"或"活动"，最简单的可以理解为"动手"。学生身体上的许多器官，特别是双手，可以看作一种通过尝试和思维来学得其用法的工具。更深一个层次的理解可以上升为是与周围环境的相互作用。杜威从关系存在的视角审视人的生存状态，指出生命活动最根本的特质就是人

---

① 杜威.民主主义与教育[M].王承绪译.北京：人民教育出版社，1990.

与环境的水乳交融、相互依存的整体样式。人与自然、人与环境之间存在着本然的联系、一种契合关系。这种相互融通的关系的存在，是生命得以展开的自然前提。生命展开的过程是生命与环境相互维系的过程，这个过程离不开生命的"做与经受（doing and undergoing），即经验。

　　传统认识论意义上的经验是指主体感受或感知等纯粹的心理性主观事件，而杜威的"经验"内涵远远超出了认识论的界限，包括了整个生活和历史进程。这是对传统认识论经验概念的根本改造，突破了传统认识论中经验概念的封闭性、被动性，具有主动性和创造性的内涵，向着环境和未来开放。在杜威看来，"做与经受"是生命与环境之间的互动过程，是经验的展开历程。"经验正如它的同义词生活和历史一样，既包括人们所从事与所承受的事，他们努力为之奋斗着的、爱着的、相信着与忍受着的东西，而且同时也是人们如何行为与被施与行为的，他们从事与承受、渴望与接受，观看、相信、想象着的方式总之，它们也是经历着的历程。"[①] 这就是杜威所说的"做与经受"。一方面，它表示生命有机体的承受与忍耐，不得不经受某种事物的过程。另一方面，这种忍受与经受又不完全是被动的，它是一种主动的"面对"，是一种"做"，是一种"选择"，体现着经验本身所包含的主动与被动的双重结构。杜威还强调到，经验意味着生命活动，生命活动的展开置身于环境中，而且本身也是一种环境性的中介。何处有经验，何处便有生命存在；何处有生命，何处就保持有同环境之间的一种双重联系。经验乃是生命存在的基本方式。

　　经验，是生命在生存环境中的连续不断的探求，这种经验、探求的过程是生命的自然形态，这个过程就是一种自然的学习过程。"学习是一种生长方式""学习的目的和报酬是继续不断生长的能力"，是习性的建立和改善的过程。

---

① 杜威.民主主义与教育 [M].王承绪译.北京：人民教育出版社，1990.

（四）对杜威"做中学"的辨析

1.在"做中学"的活动中，学生的"做"并非是自发的、单纯的行动。"做中学"的基本点是强调教学需要从学生已有的经验出发，通过他们的亲身体验，领会书本知识，通过"做"的活动，培养手脑并用的能力。其中的"做"是沟通直接经验与间接经验的一种手段，是一种面对，一种选择，学生的"做"并非是盲目的。杜威指出："教育上的问题在于怎样抓住儿童活动并予以指导，通过指导，通过有组织的使用，它们必将达到有价值的结果，而不是散漫的或听任于单纯的冲动的表现。"①在杜威领导的实验学校里，儿童们什么时候学习什么内容，都是经过周密的考虑、按计划进行的，儿童"做"的内容大体包括纺纱、织布、烹饪、金工、木工、园艺等，与此相平行的还有三个方面的智力活动即历史的和社会的研究、自然科学、思想交流，可见儿童并非单纯自发地做。

杜威强调儿童学习要从实践开始，并非要儿童学习每个问题时都事必躬亲，更未否定学习书本知识，不仅如此，他更重视把实践经验与书本知识联系起来。被称为一门学科的知识，是从属于日常生活经验范围的那些材料中得来的，教育不是一开始就教学生活经验范围以外的事实和真相。"在经验的范围内发现适合于学习的材料只是第一步，第二步是将已经体验到的东西逐步发展而更充实、更丰富、更有组织的形式，这是渐渐接近于提供给熟练的成人的那种教材的形式。"但是"没有必要坚持上述两个条件的第一个条件。"②在杜威看来，如果儿童已经有了这类的经验，在教学中就不必再让他们从"做"开始，如果仍坚持这样做，就会"使人过分依赖感官的提示，丧失活动能力"。

2."做中学"并非是只注重直接经验，不重视学习间接经验

杜威强调教学要从学生的经验开始，学习必须有自身的体会，但杜威并不忽视间接经验的作用，他对传统教育的批判不是反对传统教育本身，

---

① 杜威.民主主义与教育 [M].王承绪译.北京：人民教育出版社，1990.
② 杜威.民主主义与教育 [M].王承绪译.北京：人民教育出版社，1990.

而是传统教育那种直接以系统的、分化的知识作为整个教育与课程的出发点的不当做法。杜威认为，系统知识既是经验改造的一个重要条件，又是经验改造所要达到的一个结果。无论如何，个人都应利用别人的间接经验，这样才能弥补个人经验的狭隘性和局限性。他说："没有一个人能把一个收藏丰富的博物馆带在身边"①。因此，无论如何，一个人应能利用别人的经验，以弥补个人直接经验的狭隘性。这是教育的必要组成部分。可见，杜威认为间接经验的学习是十分重要的，是知识获得的重要源泉。他要求教材必须与学生的活动、经验相联系，并让学生通过"做"的活动领会教科书中的知识。所以，教材的编写要能反映出世界最优秀的文化知识，同时又能联系儿童生活，被儿童乐于接受。并且，还应提供给学生作为"学校资源"和"扩充经验的界限的工具"的资料性的读物，这样的读物是引导儿童的心灵从疑难通往发现的桥梁。

同时，杜威还认为在"做中学"的过程，除了有感性的知觉经验之外，也有抽象的思维过程。他认为"经验不加以思考是不可能的事。有意义的经验都是含有思考的某种要素"。"在经验中理论才有亲切地与可以证实的意义"，说明他的"经验"中包括理性的成分。

3."做中学"并不否定教师的主导作用

杜威教育思想的一个非常重要的特点就是教育的一切措施要从儿童的实际出发，做到因材施教，以调动儿童学习的积极性和主动性，即"儿童中心论"。以儿童为中心就是要求教育方面的"一切措施"包括教学内容的安排、方法的选用、教学的组织形式、作业的分量等，都要考虑到儿童的年龄特点、个性差异、他们的能力、兴趣和需要，要围绕儿童的这些特点去组织，去安排。而这个"一切措施"的组织安排的主角便是教师。可见，杜威对传统教育那种"以教师为中心"的批评，并不摒弃教师指导作用的地位。在教学过程中，如何发挥教师和学生的积极性问题上，杜威坚持辩证的观点，他认为教师"应该是一个社会集团（儿童与青年的集团）的领

---

① 杜威.民主主义与教育 [M].王承绪译.北京：人民教育出版社，1990.

导者，他的领导不以地位，而以他的渊博知识和成熟的经验。若说儿童享有自由之后，教师便应退处无权，那是愚笨的话。"[①] 有些学校里，不让教师决定儿童的工作或安排适当的环境，以为这是独断强制。不由教师决定，而由儿童决定，不过以儿童的偶然接触代替教师智慧的计划而已。教师有权为教师，正是因为他最懂得儿童的需要与可能，从而能够计划他们的工作。在杜威实验的进步学校里，儿童需要得到教师更多的指导，教师的作用不是减弱了，而是更重要了。教师是教学过程的组织者，发挥教师的主导作用与"以儿童为中心"并不矛盾。

二、构思、设计、实现、运作教育理念

为了应对经济全球化形势下产业发展对创新人才的需求，"做中学"成为教育改革的战略之一。作为"做中学"战略下的一种工程教育模式，构思、设计、实现、运作教育理念自 2010 年起，在以麻省理工学院（MIT）为首的几十所大学操作实施以来，迄今为止已取得显著成效，深受学生欢迎，得到产业界高度评价。构思、设计、实现、运作教育理念对我国高等教育改革产生了深远的影响。

（一）构思、设计、实现、运作教育理念

构思、设计、实现、运作教育理念是基于工程项目全过程的学习，是对以课堂讲课为主的教学模式的革命。构思、设计、实现、运作教育理念代表构思（Conceivec）、设计（Design）、实现（Implement）和运作（Operate），它是"做中学"原则和"基于项目的教育和学习（Project Based Education and Learning）"的集中体现。它以产品研发到产品运行的生命周期为载体，培养学生以主动的、实践的、课程之间具有有机联系的方式学习和获取工程能力。其中，构思包括顾客需求分析，技术、企业战略和规章制度设计，发展理念，技术程序和商业计划的制订；设计主要包括工程计划、图纸设

① 杜威.民主主义与教育 [M].王承绪译.北京：人民教育出版社，1990.

计以及实施方案设计等；实施特指将设计方案转化为产品的过程，包括制造、解码、测试以及设计方案的确认；运行则主要是通过投入实施的产品对前期程序进行评估的过程，包括对系统的修订、改进和淘汰等。

构思、设计、实现、运作教育理念是在全球工程人才短缺和工程教育质量问题的时代背景下产生的。从1986年开始，美国国家科学基金会（NSF）逐年加大对工程教育研究的资助，美国国家研究委员会（NRC）、国家工程院（NAE）和美国工程教育学会（ASEE）纷纷展开调查和制定战略计划，积极推进工程教育改革。1993年欧洲国家工程联合会启动了名为EUR-ACE（Accreditation of European Engineering Programmes and Graduates）的计划，旨在成立统一的欧洲工程教育认证体系，指导欧洲的工程教育改革，以加强欧洲的竞争力。欧洲工程教育的改革方向和侧重点与美国一样：在继续保持坚实科学基础的前提下，强调加强工程实践训练，加强各种能力的培养；在内容上强调综合与集成（自然科学与人文社会科学的结合，工程与经济管理的结合）。同时，针对工科教育生源严重不足问题，美欧各国纷纷采取补救措施，从中小学开始，提升整个社会对工程教育的重视。正是在此背景下，MIT以美国工程院院士爱德华·克劳利（Ed.Crawley）教授为首的团队和瑞典皇家工学院等3所大学从2000年起组成跨国研究组合，获Knutand Alice Wallenberg基金会近1600万美元巨额资助，经过4年探索创立构思、设计、实现、运作教育理念并成立CDIO国际合作组织。

在构思、设计、实现、运作教育理念和国际合作组织的推动下，越来越多的高校开始引入并实施CDIO工程教育模式，并取得了很好的效果。在我国，清华大学和汕头大学的实践证明，"做中学"的教学原则和CDIO工程教育理念同样适合国内的工程教育，这样培养出来的学生，理论知识与动手实践能力兼备，团队工作和人际沟通能力得到提高，尤其受到社会和企业的欢迎。CDIO工程教育模式符合工程人才培养的规律，代表了先进的教育方法。

（二）对构思、设计、实现、运作教育理念的解读与思考

构思、设计、实现、运作教育理念的概念性描述虽然比较完整地概括了其基本内容，但是还是比较抽象、笼统。其实，最能反映 CDIO 特点的是其大纲和标准。构思、设计、实现、运作教育理念模式的一个标志性成果就是课程大纲和标准的出台，这是 CDIO 工程教育的指导性文件，详细规定了 CDIO 工程教育模式的目标、内容以及具体操作程序。因此，要深刻领会 CDIO 的理念。在实践中创造性地加以运用，最好的办法就是对 CDIO 的大纲和标准进行解读和深入地进行思考。

1. 构思、设计、实现、运作教育理念大纲的目标

构思、设计、实现、运作教育理念课程大纲的主要目标是"建构一套能够被校友、工业界以及学术界普遍认可的，未来年轻一代工程师必备的知识、经验和价值观体系。"提出系统的能力培养、全面的实施指导、完整的实施过程和严格的结果检验的 12 条标准。大纲的目的是让工程师成为可以带领团队，成功地进行工程系统的概念、设计、执行和运作的人，旨在创造一种新的整合性教育。该课程大纲对现代工程师必备的个体知识、人际交往能力和系统建构能力做出的详细规定，不仅可以作为新建工程类高校的办学标准，而且还能作为工程技术认证委员会的认证标准。

2. 构思、设计、实现、运作教育理念大纲的内容

构思、设计、实现、运作教育理念大纲的内容可以概述为培养工程师的工程，明确了高等工程教育的培养目标是未来的工程人才，"应该为人类生活的美好而制造出更多方便于大众的产品和系统。"① 在对人才培养目标综合分析的基础上，结合当前工程学所涉及的知识、技能及发展前景，CDIO 大纲将工程毕业生的能力分为技术知识与推理能力、个人能力与职业能力和态度、人际交往能力、团队工作和交流能力。在企业和社会环境下构思—设计—实现—运行系统方面的能力（4 个层面），涵盖了现代工程师

---

① 傅波著．计算机专业教学改革研究 [M]．成都：西南交通大学出版社，2018.

应具有的科学和技术知识、能力和素质。大纲要求以综合的培养方式使学生在这4个层面达到预定目标。构思、设计、实现、运作教育理念大纲为课程体系和课程内容设计提供了具体的实施要求。

为提高可操作性，构思、设计、实现、运作教育理念大纲对这四个层次的能力目标进行了细化，分别建立了相应的2级指标和3级指标。其中，个人能力、职业能力和态度是成熟工程师必备的核心素质，其2级指标包括工程推理与解决问题的能力（又包括发现和表述问题的能力、建模、估计与定性分析能力等5个3级指标）、实验和发现知识的能力、系统思维的能力、个人能力和态度、职业能力和态度等；同时，现代工程系统越来越依赖多学科背景知识的支撑。因此，学生还必须掌握相关学科的知识、核心工程基础知识、高级工程基础知识，并具备严谨的推理能力；为了能够在以团队合作为基础的环境中工作，学生还必须掌握必要的人际交往技巧，并具备良好的沟通能力；最后，为了能够真正做到创建和运行产品/系统，学生还必须具备在企业和社会两个层面进行构思、设计、实施和运行产品/系统的能力。

构思、设计、实现、运作教育理念课程大纲实现了理论层面的知识体系、实践层面的能力体系和人际交往技能体系3种能力结构的有机结合。为工程教育提供了一个普遍适用的人才培养目标基准，同时它又是一个开放的、不断自我完善的系统，各个院校可根据自身的实际情况对大纲进行调整，以适合社会对人才培养的各方面需求。

3. 构思、设计、实现、运作教育理念标准解读

构思、设计、实现、运作教育理念的12条标准是一个对实施教育模式的指引和评价系统，用来描述满足CDIO要求的专业培养。它包括工程教育的背景环境、课程计划的设计与实施、学生的学习经验和能力、教师的工程实践能力、学习方法、实验条件以及评价标准。在这12条标准中，标准1，2，3，5，7，9，11这7项在方法论上区别于其他教育改革计划，显得最为重要。另5项反映了工程教育的最佳实践，是补充标准，丰富了CDIO的培养内容。

标准 1：背景环境。

构思、设计、实现、运作教育理念是基于 CDIO 的基本原理，即产品、过程和系统的生命周期的开发与实现是适合工程教育的背景环境。它是一个可以将技术知识和其他能力的教、练、学融为一体的文化架构或环境。构思—设计—实现—运行是整个产品、过程和系统生命周期的一个模型。

标准 1 作为构思、设计、实现、运作教育理念的方法论非常重要，强调的是载体及环境和知识与能力培养之间的关联，而不是具体的内容。对于这一关联原则的理解正确与否关系到实施 CDIO 的成败。构思、设计、实现、运作教育理念模式当然要通过具体的工程项目来学习和实践，但得到的结果应当是从具体工程实践中抽象出来的能力和方法。不论选取什么样的工程实践项目开展 CDIO 教学，其结果都应当都是一样的，最终都是一般方法的获得和通用能力的提高，而不是局限于该项目所涉及的具体知识。这就是"做中学"的通识性本质。也就是说，工程实践的重点在于获得通用能力和工程素质的提高，而不是某一工程领域和项目中所涉及的具体知识。通识教育的关键是要培养学生的各种能力，也就是要培养学生获得学习、应用和创新的能力，而不仅仅是传统意义上的基础学科理论及相关知识。工程教育要培养符合产业需要的具有通用能力和全面素质的工程人才，其教学必须面向和结合工程实践。能力的培养目标只有通过产学合作教育的机制和"做中学"的方法才能真正实现。

标准 2：学习效果。

学习效果就是学生经过培养后所获得的知识、能力和态度。构思、设计、实现、运作教育理念教学大纲中的学习效果，详细规定了学生毕业时应学到的知识和应具备的能力。除了技术学科知识的要求之外，也详列了个人、人际能力，以及产品、过程和系统建造能力的要求。其中，个人能力的要求侧重于学生个人的认知和情感发展；人际交往能力侧重于个人与群体的互动，如团队工作、领导能力及沟通；产品、过程和系统建造能力则考察在企业、商业和社会环境下的关于产品、过程和工程系统的构思、设计、实现与运行。设置具体的学习效果有助于确保学生取得未来发展的基础，学习效果的内容和熟练程度要通过主要利益相关者和组织的审查和认定。因此，构思、设计、实现、运作教育理念从产业的需求出发，在教学大纲的设计与培养目标的确定上，应与产业对学生素质和能力的要求逐项挂钩，否则教学大纲的设计将脱离产业界的需要，无法保障学生可获得应有的知识、技能和能力。

标准 3：一体化课程计划。

标准 3 要求建立和发展课程之间的关联，使专业目标得到多门课程的支持。这个课程计划，不仅让学生学到的各种学科知识，而且还能在学习的过程中同时获取个人人际交往能力，以及产品、过程和系统建造的能力（标准 2）。以往各门课程都是按学科内容各自独立，彼此很少关联，这并不符合 CDIO 一体化课程的标准，按照工程项目全生命周期的要求组织教、学、做，就必须突出课程之间的关联性，围绕专业目标进行系统设计，当各学科内容和学习效果之间有明确的关联时，就可以认为学科间是相互支持的。一体化课程的设置要求，必须打破教师之间、课程之间的壁垒，改变传统各自为政的做法，在一体化课程计划的设计上发挥积极作用，在各自的学科领域内建立本学科同其他学科的联系，并给学生创造获取具体能力的机会。

标准 4：工程导论。

导论课程通常是最早的必修课程中的一门课程，它为学生提供产品、过程和系统建造中工程实践所需的框架，并且引出必要的个人和人际交往能力，大致勾勒出一个工程师的任务和职责以及如何应用学科知识来完成这些任务。导论课程的目的是通过相关核心工程学科的应用来激发学生的兴趣，学习动机，为学生实现构思、设计、实现、运作教育理念教学大纲要求的主要能力发展提供一个较早的起步。

标准 5：设计实现的经验。

设计实现的经验是指以新产品和系统的开发为中心的一系列工程活动。设计实现的经验按规模、复杂程度和培养顺序，可分为初级和高级两个层次，其结构和顺序是经过精心设计的，以构思—设计—实现—运作为主线，规模、复杂度逐步递增，这些都有要成为课程的一部分。因而，与课外科技活动不同，这一系列的工程活动要求每个学生都必须参加，而不像是兴趣小组以自愿为原则。认识到这样的高度，实训环节的安排便有据可查，不是可有可无、可参加可不参加了。通过设计的项目实训，能够强化学生对产品、过程和系统开发的了解，更深入地理解学科知识。

当然，实践的项目最好来自产业第一线。因为来自一线的项目，包含有更多的实际信息，如管理、市场、顾客沟通和服务、成本、融资、团队合作等，是企业真正需要解决的问题，可以让学生在知识和能力得到提高的同时，技术之外的素质也得到提升。校企合作实施构思、设计、实现、运作教育理念、教学模式，必须开发和利用足够多的项目，才能保证大量学生的学习和训练。因此，除了"真刀真枪"的实战项目外，也可以采用一些企业做过的项目、学生自选的有意义的项目、有社会和市场价值的项目或其他来源的项目来设计一系列的工程活动，让学生在"做中学"。

标准 6：工程实践场所。

工程实践场所即学习环境，包括学习空间，如教室、演讲厅、研讨室、实践和实验场所等，这里提出的是学习环境设计的一个标准，要求能够做到支持和鼓励学生通过动手学习产品、过程和系统的建造能力，学习学科知识和社会学习。也就是说，在实践场所和实验室内，学生不仅可以自己动手学习，也可以相互学习、进行团队协作。新的实践场所的创建或现有实验室的改造，应该以满足这一首要功能为目标，场所的大小取决于专业规模和学校资源。

标准 7：一体化学习经验—集成化的教学过程。

标准 2 和标准 3 分别描述了课程计划和学习效果，这些必须有一套充分利用学生学习时间的教学方法才能实现。一体化学习经验就是这样一种教学方法，旨在通过集成化的教学过程，培养学科知识学习的同时，培养个人的人际交往能力，以及产品、过程和系统建造的能力。这种教学方法要求把工程实践问题和学科问题两者相结合，而不是像传统做法那样，把两者断然分开或者没进行实质性的关联。例如，在同一个项目中，应该把产品的分析、设计，以及设计者的社会责任融入练习中同时进行。

这种教学方法要在规定的时间内达到双重的培养目标：获得知识和培养能力。更进一步的要求是教师既能传授专业知识，又能传授个人的工程经验，培养学生的工程素质、团队工作能力、设计产品和系统的能力，使学生将教师作为职业工程师的榜样。这种教学方法，可以更有效地帮助学生把学科知识应用到工程实践中去，为达到职业工程师的要求做好更充分的准备。

集成化的教学标准要求知识的传递和能力的培养都要在教学实践中体现，在有限的学制时间内，处理好知识量和工程能力之间的关系。"做中学"战略下的构思、设计、实现、运作教育理念模式，以"项目"为主线来组织课程，以"用"导"学"，在集成化的教学过程中，突出项目训练的完整性，在做项目的过程中学习必要的知识，知识以必须、够用为度，强调自学能力的培养和应用所学知识解决问题的能力。

标准 8：主动学习。

基于主动经验学习方法的教与学。主动学习方法就是让学生致力于对问题的思考和解决，教学上重点不在被动信息的传递上，而是让学生更多地从事操作、运用、分析和判断概念。例如，在一些讲授为主的课程里，主动学习可包括合作和小组讨论、讲解、辩论、概念提问以及学习反馈等。当学生模仿工程实践进行如设计、实现、仿真、案例研究时，即可看作是经验学习。当学生被要求对新概念进行思考并必须做出明确回答时，教师可以帮助学生理解一些重要概念的关联，让他们认识到该学什么，如何学，并能灵活地将这个知识应用到其他条件下。这个过程有助于提升学生的学习能力，并养成终身学习的习惯。

标准 9：提高教师的工程实践能力。

这一标准提出，一个构思、设计、实现、运作教育理念专业应该采取专门的措施，提高教师的个人人际交往能力，以及产品、过程和系统建造的能力，并且最好是在工程实践背景下提高这种能力。教师要成为学生心目中职业工程师的榜样，就应该具备如标准3，4，5，7所列出的能力。我们师资最大的不足是很多教师专业知识扎实，科研能力也很强，但实际工程经验和商业应用经验都很缺乏。当今技术创新的快速步伐，需要教师不断提高和更新自己的工程知识和能力，这样才能够为学生提供更多的案例，更好地指导学生的学习与实践。

提高教师的工程实践能力，可以通过如下几个途径：①利用假期到公司挂职。②校企合作，开展科研和教学项目合作。③把工程经验作为聘用和晋升教师的条件。④在学校引入适当的专业开发活动。

教师工程能力的达标与否是实施构思、设计、实现、运作教育理念成败的关键，解决师资工程能力最为有效的途径是"走出去，请进来"校企合作模式，一方面，高校教师要到企业去接受工程训练、积累实际的工作经验；另一方面，学校要聘请有丰富工程背景经验的工程师兼职任教，使学生真正接触到当代工程师的榜样，获得真实的工程经验和能力。

标准10：提高教师的教学能力。

这一标准提出，大学要有相应的教师进修计划和服务，采取行动，支持教师在综合性学习经验（标准7）、主动和经验学习方法（标准8）以及考核学生学习（标准11）等方面的自身能力得到提高。既然构思、设计、实现、运作教育理念专业强调教学、学习和考核的重要性，就是必须提供足够的资源使教师在这些方面得到发展，如支持教师参与校内外师资交流计划，构建教师之间交流实践经验的平台，强调效果评估和引进有效的教学方法等。

标准11：学习考核对能力的评价。

学生学习考核是对每个学生取得的具体学习成果进行考量。学习成果包括学科知识，个人人际交往能力，产品、过程和系统建造能力等方面（标准2）。这一标准要求，构思、设计、实现、运作教育理念的评价侧重于对能力培养的考查。考核方法多种多样，包括笔试和口试，观察学生表现，评定量表，学生的总结回顾、日记、作业卷案、互评和自评等。针对不同的学习效果，要配合相适应的考核方法，才能保证能力评价过程的合理性和真实性。例如，与学科专业知识相关的学习效果评价可以通过笔试和口试来进行；与设计、实现相关的能力的学习效果评价则最好通过实际观察记录来考察更为合适。采用多种考核方法以适合更广泛的学习风格，并增加考核数据的可靠性和有效性，对学生学习效果的判定具有更高的可信度。

另外，除了考核方法要求是多样之外，评价者也应是多方面的，不仅仅要来自学校教师和学生群体，也要来自产业界，因为学生的实践项目多从产业界获得，对学生实践能力的产业经验的评价，产业工程师拥有最大的发言权。

构思、设计、实现、运作教育理念模式是能力本位的培养模式，本质上有别于知识本位的培养模式，其着重点在于帮助学生获得产业界所需要的各种能力和素质。因此，如果仍然沿用知识本位的评价方法和准则的话，基于构思、设计、实现、运作教育理念人才培养的教学改革就难免受到一些人的抨击，难以持续开展下去。因此，对各种能力和素质要给予客观准确的衡量，必须要有新的评价标准和方法，改变观念以适应构思、设计、实现、运作教育理念这种新的教育模式。

标准12：专业评估。

专业评估是对构思、设计、实现、运作教育理念的实施进展和是否达到既定目标的一个总体判断，对照以上12条标准评估专业，以继续改进为目的，向学生、教师和其他利益相关者提供反馈。专业总体评估的依据可通过收集课程评估、教师总结、新生和毕业生访谈、外部评审报告、对毕业生和雇主的跟进研究等，评估的过程也是信息反馈的过程，是持续改善计划的基础。

构思、设计、实现、运作教育理念的培养目标是符合国际标准的工程师，除了具备基本的专业素质和能力之外，还应具有国际视野，了解多元文化并有良好的沟通能力，能在不同地域与不同文化背景的同事共事；因此，联合国教科文组织产学合作教席提出了"做中学"、产学合作、国际化3个工程教育改革的战略，构思、设计、实现、运作教育理念作为"做中学"战略下的一种新的教育模式，很好地融汇了这3个战略的思想，虽然还有大量的理论和实践问题需要研究，但是在工程教育改革中已经显示出了强大的生命力。

第三节　计算机专业教学改革与研究的方向

当前高校计算机人才的培养目标、培养模式、课程体系、教学方法、评价方式等都无法适应业界的实际需求，专业教学改革势在必行。通过深入学习和领会杜威的"做中学"教育思想和构思、设计、实现、运作教育理念的先进做法，借鉴国际、国内兄弟院校的教学改革实践经验，结合自身实际情况，我们确定了以下几个教学改革与研究的方向。

一、适应市场需求，调整专业定位和培养目标

构思、设计、实现、运作教育理念的课程大纲与标准，对现代计算机人才必备的个体知识、人际交往能力和系统建构能力做出了详细规定，为计算机专业教育提供了一个普遍适用的人才培养目标基准，需要强调的是，这只是一个普遍的标准，是最基本的能力和素质要求。构思、设计、实现、运作教育理念模式是一个开放的系统，其本身就是通过不断的实践研究总结出来的，并非一成不变。众所周知，MIT 等世界一流名校，他们的构思、设计、实现、运作教育理念模式是培养世界顶尖的工程人才，国内如清华大学等高校的 CDIO 模式改革也同样是针对顶尖工程人才培养的，是精英化的工程人才培养。社会需求是多样化的，需要精英化的工程人才，也需要大众化的工程人才。高校应根据社会多样化的需求，结合本地的经济发

展情况、学校自身的办学条件、生源特点，明确自己的专业定位和培养目标，只有专业定位和培养目标准确了，后面的教育教学改革才不会偏离方向，才能取得更好的成效。

某科技大学地处经济欠发达的西部地区，学校所在地虽然经济总量位于全区前茅，但与东部沿海发达地区的差距还是很大，IT 及相关产业的发展相对缓慢，起步低、规模小，企业对软件人才的要求更为现实，希望能迅速招聘到独当一面的高综合素质人才。一些高校的生源由于受教育条件和环境的限制，使得他们的视野相对来说不够开阔，对行业领域不大了解，更缺少对专业学习的规划和认识，学什么、怎样学、将成为什么样的一个人、毕业后能去哪里、能做什么等更需要专业的引导与明示。

计算机软件产业的蓬勃发展，无疑需要大量的相关从业人员，产业的竞争对人才的能力和素质提出了更高的要求。据麦可思中国大学生就业课题研究内容显示，软件工程专业近几年的平均薪酬水平一直都位于前茅。东部和沿海地区对毕业生的人才吸引力指数为 67.3%，约两倍于中西部地区的人才吸引力指数 32.3%，所以就业流向大部分是东部和沿海地区，中西部地区吸引和保留人才的能力都较弱，属于人才净流出地区。

针对行业发展对人才能力素质的需求，结合本地经济发展状况和学校办学条件，经过深入研究和探讨，我们确定了高校计算机专业的办学定位：立足本省、面向全国，培养在生产一线从事计算机系统的设计、开发、运用、检测、技术指导、经营管理的工程技术应用型人才。麦可思的调查显示，大学毕业生对就学地有着较高的就业偏好。因此我们立足于本省，服务于地方经济，同时向全国，特别是长三角、珠三角地区输送软件工程技术人才。

对照构思、设计、实现、运作教育理念的能力层次和指标体系，我们提炼出高校计算机专业的培养目标：培养具有良好的科学技术与工程素养，系统地掌握软件工程的基本理论、专业知识和基本技能与方法，受到严格的软件开发训练，能在软件工程及相关领域从事软件设计、产品开发和管理的高素质专门人才。

经过 3 年的学习培养，学生应该具有通识博雅的人格素质和终身多元的学习精神，具备务实致用的专业能力和开拓创新的竞争力，能成为适应产业需求的建设人才。随着高新技术的不断涌现，应用型技术人才培养目标必须通过市场调研，不断进行更新和调整，但万变不离其宗是能力和素质的提高。

二、修订专业培养计划，改革课程设置，更新教学内容

专业培养计划是人才培养的总体设计和实施蓝图，它根据人才培养目标和培养规格，制订了明确的知识结构和能力要求，设置了专业要求的课程体系，是专业教育改革的核心，对提高教育质量，培养合格人才有着举足轻重的作用。

近年来，软件工程的飞速发展，使软件工程理论和技术不断更新，高校培养计划和课程体系不能适应这种变化的矛盾日益突出，因而高校人才培养方案的制定和调整必须把业界对人才培养的需求作为重要的依据，分析研究市场对软件人才的层次结构、就业去向、能力与素质等方面的具体要求，以及全球化和市场化所导致的人才需求走向等，以能力要求为出发点，以"必须、够用为度"，并兼顾一定的发展潜能，合理确定知识结构，面向学科发展，面向市场需求、面向社会实践修订专业培养计划。

课程设置必须紧跟时代步伐，教学内容要能反映出软件开发技术的现状和未来发展的方向。高校计算机专业的课程设置，重基础和理论，学科知识面面俱到，不能体现出应用型技术人才培养的特点。因此，作为相关的专业教师，必须及时了解最新的技术发展动态，把握企业的实际需求，汲取新的知识，做到该开设什么课程、不应开设什么课程心中有数，对教材的选用应以学用结合为着眼点，根据实际需要选择。对于原培养计划中不再适应业界发展要求的课程要坚决删除，对于一些新思维、新技术、新运用的内容，要联合业界，加大课程开发，不断地更新完善课程体系。

在构思、设计、实现、运作教育理念理论框架下完善高校计算机专业培养计划的内容，合理分配基础科学知识、核心工程基础知识和高级工程基础知识的比重，设计出每门课程的具体可操作的项目，培养学生的各种能力。正如标准3一体化的课程计划的规定，不仅让学生学到相互支持的各种学科知识，而且还应能在学习的过程中同时获取个人、人际交往能力，以及产品、过程和系统建造的能力。对培养计划和课程设置，必须深入地研究和探讨。

需要注意的是，在强调工程能力重要性的同时，构思、设计、实现、运作教育理念并不忽视知识的基础性和深度要求。构思、设计、实现、运作教育理念课程大纲所列的培养目标既包括专业基础理论，也包括实践操作能力；既包括个体知识、经验和价值观体系，也包括团队合作意识与沟通能力，体现出典型的通识教育价值理念。此外，应用型技术人才还应当有广泛的国际视野。通识教育是学生职业生涯发展后劲的基础，专业教育是学生职场竞争力的根本保证。

三、改进教学方法，创建"主导—主体"的教学模式

传统的课堂教学，以教师为中心，以教材讲授为主，学生被动接受知识，抹杀了学生学习的自主性和创造性。基于对杜威"做中学"教育思想的理解，传统的教学方法必须改变，师生关系必须重新构建。

在"做中学"教育思想指导下的构思、设计、实现、运作教育理念模式，强调的是教学应该从学生的现有生活经验出发，从自身活动中进行学习，教学过程应该就是"做"的过程。教育的一切措施要以学生的实际出发，做到因材施教，以调动学生学习的积极性和主动性，即"以学为中心"。

构思、设计、实现、运作教育理念是基于工程项目全过程的学习，这个全过程要围绕学生的学展开，为学生创建主动学习的情境，促进主动学习的产生。在发挥学生主动性的同时，"做中学"并非否定教师的指导作用。

相对传统课堂，师生关系、课堂民主都要发生重大的变化。

以学生为中心的"做中学"，是学生天然欲望的表现和真正兴趣所在，符合个体认知发展的规律，有利于构建和谐民主的师生关系，更能促进学习的发生。如何把这种教育理念转换为教育实践，关键是对两个问题的理解，一是如何诠释"以学生为中心"，二是解释"教学民主"。

以学生为中心，不能泛泛而谈，这样不利于深入认识，也不利于实际操作，需要进一步明确以学生的什么为中心？杜威的"以学生为中心"，具体地讲是以学生的需要，特别是根本需要为中心，对大学生来说，他们的根本需要在于学习知识，提高能力和素质。以学生的根本需要为中心，那么"中心"二字又如何理解？从传统的以教师为中心到以学生为中心，高等教育的思想观念发生了重大变化，但是这个"中心"概念的转换常常引发一些操作上的误区。教学过程从教师一统天下，变为一盘散沙，"做中学"又饱受一些人的诟病，实际上，这是对杜威教育思想认识不到位的缘故。"中心"关系的确立，是教学过程中师生关系的重新确定，涉及另外一个概念—教学民主。

表面上看，教学民主无非是师生平等，是政治民主的教学化。然而，教学民主的真正核心在于学术民主，而不是教学过程中师生之间的社会学含义的民主，民主在教学中的具体指向就是学术。师生之间在学术地位上存在着天然的不平等，因此在教学过程中的学术民主强调的是一种学术民主氛围的构建。

传统的课堂上，教师不仅仅是教学过程的控制者、教学活动的组织者、教学内容的制订者和学生学习成绩的评判者，而且是绝对的权威，这种师生关系形成不了教学民主的气氛。因此，教师要进行角色的转换，从课堂的传授者转变为学习促进者，由课堂的管理者转变为学习的引导者，由居高临下的权威转向"平等中的首席"专家。这样一种教学民主氛围，有利于发挥教师的指导作用，又能充分发挥学生的主体作用。这就是"主导—主体"的教学模式。

四、改革教学实践模式，注重实践能力的培养

构思、设计、实现、运作教育理念的实践就是"做中学"，做"什么"才能让学生学到知识，获得能力的提升，这就需要改革教学实践模式，优化整合实践课程体系。

实践教学是整个教学体系中一个非常重要的环节，是理论知识向实践能力转换的重要桥梁。以往的实践课程体系也说明了实践的重要性，但由于没有明确的改革指导思想，实践教学安排往往不能落实到位，大多数停留在验证性的层次上，与构思、设计、实现、运作教育理念的标准要求相差甚远。切实有效的实践教学体系，应根据构思、设计、实现、运作教育理念，将实验环节与计算机专业的整个生命周期紧密结合起来，参考构思、设计、实现、运作教育理念工程教育能力大纲的内容，以培养能力为主线，把各个实践教学环节，如实验、实习、实训、课程设计、毕业设计（论文）、大学生科技创新、社会实践等，通过合理的配置，以项目为载体，将实践教学的内容、目标、任务具体化。在实际操作的过程中，可将案例项目进行分解，按照通识教育、专业理论认知、专业操作技能和技术适应能力4个层次，由简单到复杂，由验证到应用，从单一到综合，由一般到提高，从提高到创新，循序渐进地安排实践教学内容，3年不间断地进行。合理配置、优化整合实践教学体系是一个复杂的过程，需要在实践中不断地探索，也是高校计算机专业教育教学改革的重点和难点。

五、转变考核方式，改革考试内容，建立新的评价体系

专业教育教学改革的宗旨是培养综合素质高、适应能力强的业界需求人才。构思、设计、实现、运作教育理念对能力结构的4个层次进行了详细的划分，涵盖了现代工程师应具备的科学和技术知识、能力和素质，所以主张不同的能力用不同的方式进行考核。针对不同类别的课程，结合构思、

设计、实现、运作教育理念，设计考核与评价模型，建立多样化的考核方式，来实现对学生的自学能力、交流能力、解决问题能力、团队合作能力和创新能力等进行考核与评价。这些考核方式和评价模型的科学性、合理性是专业教育教学改革需要深入研究的一个方向。

考试内容是学生学习的导向，不能让学生出现重理论、轻实践或重实践、轻理论的两极倾向。因此，在考试内容上，不仅要求考核课程的基本理论、基本知识、基本技能的掌握情况，还要考核学生发现问题、分析问题、解决问题的综合能力和综合素质；在考试形式上，可以采取多种多样的方式进行，一切以能全面衡量学生知识掌握和能力水平为基准，使学生个性、特长和潜能有更大的发挥余地。如采取作业、综合作业、闭卷等多种方式，除了有理论考试，也要有实践型的机试，还可以根据学生提交的作品为考核依据，建立以创造性能力考核为主，常规测试和实际应用能力与专业技术测试相结合的评价体系，促进学生创新能力的发展。

考什么，如何考？作为学生专业学习的终端检测，从某种意义上讲比教什么内容更为重要，因此一定要把握考核质量关，不能让一些考核方式流于形式，影响学风建设。多年来，专业课教学大多数是由任课教师自己出题自己考核，内容和方式有比较大的随意性，教学效果的好坏自己评说，因而教学质量的高低很大程度上取决于教师的责任心。如何建立一套课程考核与评价的监督机制又是一个值得深入思考的问题。

第四节　计算机专业教学改革研究策略与措施

杜威的"做中学"教育思想，为计算机专业教育改革解决了一个方法论的问题，在这个方法论基础上的构思、设计、实现、运作教育理念，为计算机教育改革的目标、内容以及操作程序提供了切实可行的指导意见。在推进专业的教育教学改革研究过程中，我们解放思想，根据实际情况，制定和落实各项政策和措施，为专业取得改革成效提供了一个根本保障。基于构思、设计、实现、运作教育理念模式的高校计算机专业的教育教学改革研究，是我们对各项教学工作进行梳理、反思和改进的一个过程。

一、更新教育理念，坚定办学特色

任何改革的成功都是从理念革新开始的，人才培养模式的改革和实践是教育思想和教育观念深刻变革的结果。经过组织学习，要求每一个参与者都要准确把握好教学改革所依据的教育思想和理念，明确改革的目的和方向，坚定信念，这样才保证改革持续深入地开展。

构思、设计、实现、运作教育理念模式的大工程理念，强调密切联系产业，培养学生的综合能力。要达到培养目标最有效的途径就是"做中学"，即基于项目的学习，在这种学习方式中，学生是学习的主体，教师是学习情境的构造者，是学习的组织者、促进者，并作为学习伙伴随时为学生提供学习帮助。教学组织和策略都发生了很大的变化，要求教师要有更高的专业知识和丰富的工程背景经验。构思、设计、实现、运作教育理念不仅仅强调工程能力的培养，通识教育也同等重要。"做中学"的"做"，并非放任自流，而是需要更有效的设计与指导，强调"做中学"，并不忽视"经验"的学习，也就是要处理好专业与基础、理论与实践的关系。只有清楚地认识到这些，教学改革才不会偏离既定的轨道。

随着我国高等教育大众化的发展，各类高等教育机构要形成明确合理的功能层次分工。地方高校应回归工程教育，坚持为地方经济服务，培养高级应用技术人才，在"培养什么样的人"和"怎样培养人"的问题上做出好文章，办出特色。

二、完善教学条件，创造良好育人环境

在应用计算机专业的建设过程中，结合创新人才培养体系的有关要求，紧密结合学科特点，不断完善教学条件。

（1）重视教学基本设施的建设。多年来，通过合理规划，学校投入大量资金，用于新建实验室和更新实验设备、建设专用多媒体教室、学院专用资料室。实验设备数量充足，教学基本设施齐全，才能满足教学和人才培养的需要。

（2）加强教学软环境建设。在现有专业实验教学条件的基础上，加大案例开发力度，引进真实项目案例，建立实践教学项目库，搭建课程群实践教学环境。

（3）扩展实训基地建设范围和规模，办好"校内""校外"实训基地，搭建大实训体系，形成"教学—实习—校内实训—企业实训"相结合的实践教学体系。

（4）加强校企合作，多方争取建立联合实验室，促进业界先进技术在教学中的体现，促进科研对教学的推动作用。

三、建立课程负责人制度，全方位推进课程建设和教材建设

本着夯实基础、强化应用、基于项目化教学的原则，根据培养目标要求，在构思、设计、实现、运作教育理念大纲的指导下，以学生个性化发展为主要核心，未来职业需求为导向，大力推进课程建设和教材建设。针对计算机科学与技术专业所需的基础理论和基本工程应用能力，根据前沿性和时代性的要求，构建统一的公共基础课程和专业基础课程，建设专业通识教育学生必须具备的基本知识结构，为专业方向课程模块提供有效支撑，为学生后续学习各专业方向打下扎实的基础。

教材内容要紧扣专业应用的需求，改变"旧、多、深"的状况，贯穿"新、精、少"的原则，在编排上要有利于学生自主学习，着重培养学生的学习能力。一些院校为发挥教学团队的师资优势，启动课程建设负责人项目，对课程建设的具体内容、规范做出明确要求，明确了课程建设的职责和经费投入。这些有益经验值得我们去借鉴和学习。

四、加强教学研讨和教学管理，突出教法研究

教育教学改革各项政策与措施最终的落脚点在常规的课堂教学上，因此，加强教学研讨和教学管理，是解决教学问题、保证教学质量的根本途径。

定期召开教学研讨会，组织全体教师讨论制订课程教学要点，研究教学方法，针对教学中存在的突出问题，集思广益，解决问题。对于新担任教学任务的教师或者是新开设的课程，要求在开学之初必须面向全体教师做教学方案的介绍，大家共同探讨，共同提高。教学研讨的内容围绕教材、教学内容的选择、教学组织策略的制订等而展开，突出教法研究。

加强教学管理和制度建设，逐步完善学校、学院、教研室三级教学管理体系，并建立教学过程控制与反馈机制。学校以国家和教育部相关法律、法规为依据，针对教师培训制度、教学管理制度、教学质量检查与评价制度、学生学籍管理制度以及学位评定制度等制定了一系列文件，并针对教学管理中出现的新情况、新问题，对教学管理相关文件作及时修订、完善和补充。教研室主任则具体负责每一门的落实情况，贯彻各项规章制度。教学督导组常规的教学检查，每学期都要进行的教学期中检查，学生评教活动等有效地保证教学过程的控制，及时获取教学反馈，以便做出实时调整和改进。这些制度和措施，有效地保证了教学秩序的正常开展和教学质量提高。

五、加强教师实践能力培养，提高教师专业素质

要实现培养高质量计算机专业应用型人才的目标，应该以现任专业教师为基础，建立一支素质优良、结构合理的"双师型"师资队伍。除了不拘一格引进或聘用具有丰富工程经验的"双师型"教师之外，我们同时还采取有力措施，组织教师参加各类师资培训、学术交流活动，努力提高师资队伍的业务水平和工程能力，不断拓展计算机专业知识，提高专业素养。鼓励教师积极关注学校发展过程中与计算机相关项目的实施，积极争取学

校支持，尽可能把这些与计算机相关的项目放在学校内部立项、实施。这些可以为老师和学生提供一次实践的机会，降低计算机软件开发成本，方便计算机软件的维护。

另外，还要有计划地安排教师到计算机软件企业实践，了解行业管理知识和新技术发展动态，积累软件开发经验，努力打造"双师型"教师队伍。教师们将最新的计算机软件技术和职业技能传授给学生，指导学生进行实践，才能培养学生实践创新能力。

六、深度开展校企合作，规范完善实训工作的各项规章制度

近年来，一些高校积极开展产学合作、校企合作，充分发挥企业在人才培养上的优势，共同合作培养合格的计算机应用型技术人才。学校根据企业需求调整专业教学内容，引进教学资源，改革课程模块，使用案例化教材，开展针对性人才培养；企业共同参与制定实践培养方案，提供典型应用案例，选派具有软件开发经验的工程师指导实践项目；由企业工程师开设职业素养课，帮助学生了解行业动态，拓宽专业视野，提高职业素养，树立正确的学习观和就业观。与企业共建实习基地，让学生感受企业文化，使学生把所学的知识与生产实践相结合，获得工作经验，完成从学生到员工的角色过渡，企业从中培养适合自己的人才。

在与企业进行深度合作的过程中，预想到和未预想到的事情都会发生，为保证实训质量正常持续地开展下去，防患于未然，一些高校特别成立软件实训中心，专门负责组织和开展实训工作，制定和规范完善各项实训工作的规章制度及文档，如"软件工程实训方案""学院实训项目合作协议""软件工程专业应急预案""毕业设计格式规范"等，就连巡查情况汇报、各种工作记录登记表等都做了详细规范要求。这些制度和要求的出台，为校企合作，深入开展实训工作，保证实训效果，培养工程型高素质人才起到了保驾护航的作用。

第三章 计算机教育教学的发展

第一节 MOOC 下的高校计算机教学

作为一门公共基础课程，高校计算机基础课程是以学生计算机文化素养、基本技能、基础知识为立足点，提高学生的综合素养。随着信息网络时代的到来，计算机被广泛应用于社会生活的方方面面，对高校计算机基础教学的要求越来越高，计算思维能力和计算机应用能力的培养逐渐成为教学重点。所以，必须要加强计算机基础教学的改革，完善教学模式，调整教学内容，创新教学观念，满足教学改革的需求，实现高校教育事业的良性发展。本节就对 MOOC 环境下的高校计算机基础教学改革进行分析。

一、MOOC 模式概述

MOOC 模式属于一种开放式的在线教学模式，是信息时代下的产物，将其运用于计算机基础教学中，可以达到良好的教学效果。通常 MOOC 模式具有如下优点：一是知识传播。计算机基础课程在 MOOC 模式下表现为"交互式联系＋微视频"，便于学生碎片化学习，加快知识资源的优化整合，扩大知识传播范围，强化文化辐射能力。在 MOOC 模式下，借助互联网来跨越地域和国界，帮助学生学习计算机课程内容，发挥出其在知识传播方面的优势。二是引导学生自主学习。对于计算机基础课程而言，其实践性较强，教师需要丰富教学形式、强化实践教学，并在激发学生学习兴趣的前提下，引导学生自主学习，最终达到学以致用的目的，而 MOOC 模式恰好满足这一要求。该模式包括学习小组和论坛等互动模式，学生可以利用其进行线上讨论或线下操作，获取所需的知识技能，拥有充足的机会学习计算机技术。三是教学方法的个性化及多维度。传统的教学模式主要面向特定的学生人群，但 MOOC 模式下的教学资源可通过网络进行优化整合，如国内外的慕课资源，优化配置教学资源，确保知识的传播不受时间和地理的限制，让学生掌握更加丰富的教学资源。

第一，因材施教与普遍要求之间的缺失。由于计算机基础教学课时少、内容多，有些教师为赶进度而采用满堂灌的方式，导致学生缺乏自主学习的能力，加上学生来自全国各地，在计算机学习能力和知识掌握方面存在较大差距，从心理上畏惧计算机，缺乏学习自信心，教师不能因材施教。这样往往会让基础弱的学生感觉听不懂，而基础好的学生认为该课程不具备学习的价值，导致学生缺乏学习兴趣。

第二，信息发展要求与课程基本定位的滞后性。许多高校实施计算机基础课程后，教学内容涉及计算机学科的多种软件和多门重要课程中提炼的共性知识，主要介绍基本概念、基础知识、软件使用等，实践环节也对工具使用加以重视，导致很多学生片面认为计算机基础就是学习计算机软件及其使用方法、计算机理论知识。但是在信息网络时代背景下，计算机被应用于各个领域，社会对人才的培养提出了更高的要求，不只局限于软件的使用，而是能用所学知识解决实际问题，达到学以致用的目的。计算机基础课程强调思维训练，故要将计算思维作为学生思维的培养，注重计算思维基础教学，计算机基础课程教学要紧跟时代发展需求，从基本操作技能和基本知识的培养转变为计算思维的培养，提高学生的综合应用能力。

第三，学时配置少与教学内容单元多的矛盾。高校计算机基础教学的内容涉及网络基础知识、多媒体应用、办公自动化软件、操作系统、计算机基础知识等，是后续计算机课程的前提，教学的好坏对学生学习兴趣的激发及后续课程的接续具有直接影响，所以该课程承担的责任极其重大。

二、MOOC 环境下高校计算机基础教学改革的措施

（一）创新教学理念

计算思维，是指涵盖计算机科学广度的思维活动，即利用计算机科学的基础概念来理解人类行为、设计系统、求解问题等。通常大一新生学习计算机基础课程时，在理解方面相对困难，但计算思维是每个人都具备的技能，只有调动学生的计算思维，才能实现预期的教学目标。在传统的授课过程中，计算机思维活动多是无意识的、潜移默化的，这就需要教师在教学中突出目标导向，鼓励学生主动借助计算思维分析、思考、解决问题，并在课程的每个知识单元中贯穿计算思维，提高教学效果。

（二）优化教学内容

高校教师应该致力于计算机基础课程教学的改革，关注课程的发展动向，根据实际情况提出科学的教学目标，适当调整授课内容，编写相关的上机实验指导书及教材。例如，某校在计算机基础课程教材中增加了"算法"的内容，并将基于流程图的程序设计软件 RAPTOR 引入其中，借助 RAPTOR 对算法进行描述，降低教学难度，提高教学效果。RAPTOR 是以流程图为依据的编程环境，利用流程图的执行与跟踪对算法进行直观创建，进而显示数据的变化情况及最终运行结果，使学生准确理解算法，掌握编程语言。

（三）合理引入 MOOC 模式

随着现代教育理论的发展以及计算机技术的进步，涌现出许多新兴的教育模式，为 MOOC 模式的发展提供了有利条件。MOOC 教学模式是一种立足网络课程的新型教学模式，在计算机教学工作中的优势尤其明显，深受教育工作者的青睐，故教师必须要准确把握这一契机，适应教学模式的

改革，积极探索基于 MOOC 模式的优质教学资源，弥补传统教学的不足之处，提供更为开放的教学环境，免受课时数、地点、时间、人数的限制，最大限度发挥出网络的交互性、开放性，使学生受益。

（四）强化计算思维理念

对于计算机基础课程教学来说，强化计算思维的目标导向和教学理念，将计算思维贯穿于教材各个单元章节中，如数据库管理、计算机编码设计、系统功能描述等。一般学生刚接触计算机基础课程时，基本是从问题的解决方式层面出发，利用计算思维的方式对计算机的使用、管理、软硬件知识等进行介绍，用计算思维的方式分析、解决问题。同时，教师可以在教学中有意识性引导学生思维，对计算机解决问题的规律加以总结，鼓励学生积极探索未知世界，通过反复的思考及学习来强化解决问题的能力，提高计算思维能力。

（五）发挥 MOOC 模式优势

MOOC 模式是传统教学模式的延伸及补充，将其应用于高校计算机基础课程教学中，可以将教学内容分割成互相关联的知识单元，实施分级教学的方式，如应用篇、提高篇、基础篇等；或者是将视频教学切割成更小的"微课程"，学生通过在网络上对"微课程"的学习，就能解决不少学生在课堂时间无法掌握的问题，在便捷性、时效性上都有很大的优势，也有利于不同学习基础学生的反复学习，对提高学生计算机能力具有突出作用。除此之外，教师利用交互式的论坛模式，对多观点、多层次的知识点学习论题进行合理设计，组织学生讨论所学的内容，对学生的疑问进行及时回复和解答，通过差异化及个别化的辅导来提高课堂教学效率，弥补课程教学的不足之处，实现师生之间的良性互动。

在 MOOC 教学环境下，高校计算机基础课程教学存在诸多问题，但也面临一定的契机。这就需要立足实际，适当进行教学改革，创新教学理念，优化教学内容，合理引入 MOOC 模式，强化计算思维理念，发挥 MOOC

模式优势。从而激发学生的学习兴趣，增强学生的计算机文化素养、基本技能及基础知识，培养出综合型与实用型的人才，提高课堂教学品质和教学效果，为教育教学的改革与创新提供强有力的支持与帮助。

第二节　高校计算机网络教学发展

国际互联网是 21 世纪最重要的信息传递工具。计算机网络的发展水平，标志着一个国家科学技术发展水平和社会信息化程度的高低。随着网络的普及，网络已走进了千家万户，广泛应用于各行各业，影响着每个人的生活。因而，熟练掌握或精通一定的网络技术是时代的必然要求。为此，高校设法采取有效的措施，切实提高学生计算机网络理论水平和实践能力，旨在提高大学生自身素质和为社会输送合格的计算机人才。文章结合个人工作实际和时代发展的要求，从六个方面阐述了提高高校计算机网络教学质量的有效策略。即：历练教师队伍，聘用双师型的教师；结合人才市场需求，调整办学指导思想；优化课程结构，更新教学内容；创设教学情境，融洽师生关系；收集成功教学案例，充实教学资源库；发挥网络平台优势，开展网络自主学习。

伴随着计算机网络技术的快速发展，网络与人们的生产和生活有着千丝万缕的联系。特别是网络学习是人们顺应学习型社会的客观要求。可见，熟练掌握或精通一定的计算机网络技术对培养大学生的自学能力、分析、解决实际问题的能力以及实现自身的可持续发展意义深远。教学实践证明，在教育改革不断深化的今天，计算机网络教学只有顺应时代的要求，不断创新教学模式，更新教学内容，才能切实提高教学质量。

一、历练教师队伍，聘用双师型的教师

教学质量是高校的生命线，教学质量的提高关键在于教师。计算机网

络技术实践性很强，实践实训课程的教学质量直接影响到学生的学习效果。因此，历练一支双师型的教师队伍对提高计算机网络教学课堂教学质量举足轻重。教师除了拥有扎实的计算机网络理论基础外，还应具备丰富的实践实训经验。只有具备了这些基本素质，教师在计算机网络教育教学过程中才能将理论与实践有机结合；才能将新旧知识融会贯通；才能让学生掌握满足终身发展的计算机网络通用技术、实用技术；才能在以后的工作实践中从容应对新问题，推动计算机网络技术向纵深方向发展。

二、结合人才市场需求，调整办学指导思想

科学技术、信息技术飞速发展，计算机网络建设、网络应用和网络服务日新月异，网络问题也层出不穷。可见，在这个信息时代突飞猛进的日子里，高校只有培养出一大批能解决网络中实际问题的高级网络技术应用型人才，才能顺应时代发展的需求。因此，高校计算机网络教学要遵循实用为主的原则，一方面要结合人才市场的需求，另一方面要满足大学生的就业需求，及时调整办学指导思想，与市场接轨，与国际接轨，为社会培养合格的新型网络人才。比如结合当前 CNGI、网格、云计算等网络热点，数字化校园、小区建设等实际问题及时调整办学思想，及时同步网络技术的发展，及时更新网络实验室配置，确保计算机人才能够满足瞬息万变的科技发展需求。

三、优化课程结构，更新教学方法

21 世纪已进入信息时代，计算机网络扑面而来。无论是国有企业还是私有企业，无论是政府机关还是学校、医院等单位，计算机网络已经根深蒂固。在网络设计与维护过程中，常常会出现许多棘手的新问题，这对直接向社会输送大批计算机网络人才的高校提出了更高的要求。所以，高校要与时俱进，不断优化课程结构，更新教学内容，以满足人才市场的需求，更好地为社会服务。在更新教学内容时，要随时把握科技动态，及时了解

新兴技术，科学增加目前比较成熟的实用网络技术；如在课程结构上，增加计算机网络与信息系统集成、网络设备配置、网络管理和安全维护等基本技能教育，使大学生毕业后能在企事业单位从事一线网络技术工作。比如在教学方法上，1. 采用任务驱动法，化"学"为"用"。这种教学方法不仅使学生获得知识，还能增强了动手实践能力，让学生的探索和创新精神得以展现。2. 采用小组协作法，化"被动"为"主动"。这种教学法既发挥团队优势，又体现了个人的价值，集体荣誉感增强。3. 采用个案教学法，化"一般"为"特殊"。这种教学法将网络设备搬到课堂上或直接将学生引至实验室，对照实物现场进行讲解形象逼真、更容易接受。4. 采用互动式教学法，化"单边"为"双边"。这种教学法使师生之间、学生之间相互取长补短共同提高。

四、创设教学情境，融洽师生关系

轻松的教学情境能使学生心情激荡，进而形成积极的学习意愿。因而，作为教学情境的创设者——教师，应采用多种多样的手段和方法创设教学情境，帮助学生发现问题、阐述问题、组织问题和创造性解决问题。若达到这一目的，教师必须在备课上狠下功夫。也就是说，教师情境创设的材料要精，语言要简，画面要逼真，故事要生动，活动要有创造性。只有这样，才能为学生创设主动探究、乐于探究的学习氛围；只有这样，才能鼓励学生思维在广度、深度上自由发挥，让师生在探索和创新的过程中相互取长补短共同提高，从而实现课堂效益最大化。比如在教学网站建设内容时，因学生会有上网的经历，教师在教学中不应局限于教材上提供的现成资料，更要去引导学生实现自主上网观察那些优秀网站，通过对比，使学生产生自己检索网络资源、动手实践的冲动。在学习 Powerpoint 时，笔者鼓励学生将部分班级同学的照片制成演示文稿，全班同学亲自动手实践美化、完善。鼓励学生使用网络上的动画插件、美图秀秀软件、Flash 动画等不断完善自已的演示文稿，以班级为单位发布在校园网上，同学间在互评的过程中共同进步，达到了事半功倍的效果。

五、收集成功教学案例，充实教学资源库

高职学生生源复杂，接受能力良莠不齐。大多数高职学生文化课基础薄弱，学习态度不够端正，加之计算机网络知识比较复杂，有些同学对知识不能当堂消化，尤其是那些实践性很强的学习内容，需要多次学习实践才能弄懂。所以，高校收集成功的教学案例，建设教学资源库就显得非常必要。资源库里，学生可以寻觅到相关课程的电子教案、案例分析、重难点解析、实验操作演示等多种资源，为学生解决学习中的遇到的问题提供方便，还为学生提供了素材库、试题库等自主学习资源。教学资源库为每一个受教育者提供了公平的学习机会。比如笔者会在学期初就把本学期的教学内容有选择地做成课件，上传到本学科教学资源平台上，不同学习层次的学生可以根据自己的学习和接受情况，对课程的理解程度，进行课前预习和课后巩固。与此同时，有致力于计算机网络研究兴趣和爱好的学生借助教师提供的学习资源，可以拓展学习内容的广度和深度。可见，通过资源库，学生改变了学习方式，加深了对知识点的把握，也锻炼了学生自学能力。

六、发挥网络平台优势，开展网络自主学习

计算机网络教学是新时期备受青睐的教学模式。一方面教者可以借助网络上的文字、图片、动画、声音等信息丰富教学资源，传递教学内容，弥补传统教学手段的不足，潜移默化地提升教学艺术。另一方面，学习者可以通过网络挑选自己所需的学习资源，获取自己期待的学习内容，开阔视野，提高学习效率。在教学实践中，笔者利用网络开展了形式多样的教学模式，有理论讲授，有实验观察，有产品设计等；也通过网络开展各种

有趣的学习活动，丰富学生的课外生活，有在线答疑，有作品展示，有设计大赛等学习活动。学生的学习受地域、时间限制越来越小，他们可以根据自己的需要安排时间、确定进度，既可以单独学习，也可以在网上进行小组协作学习。网络学习条件下师生可以利用特定的网络平台，或在线答疑，或离线留言，或通过E-mail传递，这种学习方式实现了教学过程的良性互动，既培养了学生独立思考的能力，也鼓励学生质疑、答疑能力。教学实践表明，发挥网络平台的优势，有利于学生自主学习习惯的养成，有助于学生个性的发挥及创造力的培养。

总之，计算机网络的发展水平，标志着一个国家技术发展水平和社会信息化程度。培养合格的行业网络技术人才，是高职计算机网络教育的总体目标。在新的形势下，如何科学设置计算机网络课程的教学目标，如何培养学生网络操作能力，提升学生信息化应用水平是一个值得深入研究的课题。

第三节　高校计算机教学改革与发展

计算机的普及，让各大高校都认识到计算机教学的重要性，与时俱进开展相应的教学改革是顺应时代发展的必然趋势，分析优化高校计算机教学的方法，提出计算机教学改革发展的具体途径，以实现我国计算机教学水平质的飞越。

我国步入信息技术时代，计算机相关知识及其应用能力已成为大学生必备的一项技能，高校也在重点培养兼具计算机知识与计算机实践能力的专业型人才。目前，很多高校仍沿袭传统教学模式，不能满足新时期大学生学习特点及对计算机知识的需求，应从多途径进行高校计算机教学改革。

一、优化高校计算机教学

（一）做好教材的选取

由于学生们的专业不同，故过去千篇一律的教材，已经不能满足当前社会的需求和学生的个性化发展。学校应根据学生专业选择不同的，教师在课前做好充分的备课工作，对课堂进行合理的安排，因为对于计算机而言，必须掌握一定的上机时间才能对所学内容进行深入的理解。教师授课结束后，可以让学生进行操作训练，不断熟悉操作内容，教师在教室里要做到流动性，以保证对同学的监督，及时对学生的问题进行解答，课堂时间要得到充分的利用，因为对于学生而言，课后的时间很少会投入到计算机课程内容的练习中。

（二）被动学习转变为主动学习

计算机的考核一直都注重动手操作能力，对学生来说，动手能力比较弱，受限于教育模式，学生并没有真正理解知识，没有全身心地投入到课堂学习中。因此，激发学生的兴趣爱好，让学生能够自主学习，变被动为主动是关键。如何激发学生的兴趣是一个关键的问题，学生的计算机基础参差不齐，学校可以设计一些计算机方面的比赛，让大家参与其中，提高兴趣，激发学生对计算机的热爱。

（三）教师素质和教学硬件的提升

许多地区的教学硬件并不达标，设备陈旧落后，相关的技术人员也不到位，所以导致设备无法充分利用或者设备供不应求，这就需要国家对这些落后地区进行大力扶持。另外，对于计算机教师而言，计算机是不断更新的，教师的素质也需要实时更新提升，要对教师进行定期的培训，紧跟时代的步伐，为学生时刻注入最新鲜的学习元素和应对社会工作场合最实用的学习要素。过去的陈旧思想要摒弃，旧的理念也要进行改进，不论是硬件还是软件都要做到与时俱进。

计算机教学离不开计算机教师的参与，良好的师资队伍是高质量计算机教学的重要保障。高校要着眼于建设一支素质优良、结构合理且稳定的计算机教学队伍。在社会发展迅猛、计算机技术日益精进的今天，高校计算机的教学内容也应及时更新完善。第一，高校要加强对年轻骨干型教师的培养，适时为他们提供进修与学习的机会，使计算机教师的计算机知识与时俱进，具备更加专业、科学的知识。这样既可以满足计算机高质量教学效果的要求，又可以在大学生的计算机学习过程中提供更专业指导。第二，高校要立足于现有的计算机教学师资队伍，加大对计算机专业人才的引进工作，充实学校计算机教师，做好计算机教师的阶梯式建设，最终达成学校计算机专业高效教师队伍的建设目标。

（四）完善教学内容，优化教学方法

高校计算机教学应顺应时代发展形势，确保计算机教学内容的先进性，这对培养适应社会发展需要的计算机人才具有现实意义。高校要不断更新计算机课程教学内容，加强计算机教学与其他课程教学之间的联系，确保大学生的计算机课程学习与其他课程的学习相互促进。另外，计算机课程的学习相对来说是比较枯燥的，高校应针对学生的具体学习情况实施分层教学，应用多种教学方式方法调动学生学习的积极性。譬如，高校可以将多媒体教学与网络教学相联系，利用网络知识传播的相关功能向学生展示计算机的内涵，开阔学生视野，启发学生学习思维。此外，高校可以根据实际需要举办计算机方面的讲座，以弥补课堂教学的不足。高校还可以创新计算机课程的考核方式。科学合理的考核对提高教学水平、学习质量起着重要作用。高校可以将日常课堂教学中学生的表现纳入期末考核，也可以为计算机课程教学量身定制一套考核制度，以对学生的学习情况进行全方位的了解与考核。在考核的时候，要多关注学生计算机应用能力的考查，确保计算机应用型人才的培养和输出。

（五）加大硬件投入，更新教学设备

相对于其他学科来说，计算机课程具有较强的实操性。计算机教师要不断更新自身计算机理论知识，根据学生的实际需求开发项目，为学生提供充足的上机实验机会，以巩固课堂所学知识。实施计算机教学需要一定设备及应用软件的保障，高校应根据自己的现实情况，对计算机教学的设施予以完善。要加强学校计算机教学实验室的建设与投入，满足教师和学生对实验条件的需求。此外，高校在实验室的布置上，还应进行监控程序的设置，避免学生在计算机实验、实操过程中进行与该课程学习无关的活动，方便教师对学生操作进行观察，并依此做出有针对性的指导，提高计算机教学效果。

（六）注重计算机教学档案的作用

计算机教学档案是对计算机教学课程存在与发展的收集、归类与保存。计算机教学档案对后续的计算机教学管理工作意义重大，是计算机教学管理与改革中必不可少的内容与环节。第一，计算机教学档案可供计算机教学管理提供查询与使用功能，不因他人的主观愿望而发生改变。第二，计算机档案可以为计算机教学提供可靠的依据与利用价值。参考先前的教学内容，计算机教室可以对当前的计算机教学进行改善，以切实提高教学质量。第三，定期对计算机教学资料进行分类、管理，及时发现计算机教学管理中存在的问题，提高计算机教学质量。

二、计算机教学改革发展途径

（一）教学方法的改进

陈旧的教学思想应该改变，应注重以人为本的教学理念，培养符合时代发展需要的新型人才。教师应摒弃过去死板严肃的教学方式，让课堂氛围活跃起来，拉近同学和教师之间的距离。以理解教学为基准，不再死记硬背，多实践，在课堂中和课堂外都要为学生提供实践操作的机会。

（二）兴趣的引领

每个家庭都有计算机，学生从小就使用计算机，但每个人对计算机的认知程度不同，兴趣也不相同。有的学生喜欢玩游戏，而有的学生只喜欢看视频、听歌，这都是计算机的部分功能。计算机课题要求学生掌握更多的技能，需要学生思索、积极进取，在教师的引领下，使学生对计算机产生兴趣，这样课堂效果才会有更好的效果。

（三）教学氛围

探究式教学是在建构主义理论指导下的一种新型教学模式，让学生对计算机的重要性有了明确的认知之后，大大提高其自主学习能力，学校建立良好的校园风气，学生的学习风气也会有很大的改观。良好的教学氛围和教学方法对于学生具有重要的作用，因为学生的自律性较差，所以对于环境的要求就特别高，建立良好的教学氛围，可加强学生的自律性，在教学中引用探究式教学也可激发学生探索问题的兴趣，形成独立自主学习的氛围。

第四节　微时代高校计算机教学发展

随着社会的进步，科学技术的发展已刻影响到时代发展的进程，社会信息化程度不断提升。信息化时代背景下，企业对人才的要求越来越高，尤其是针对人才计算机技能以及信息素养的要求，这就使得高校教育教学必须重视计算机课程教学的质量，在当前微时代的背景下，高校计算机教学想要实现高质量教学，为社会输送源源不断的高素质的信息化素养人才，就必须实现计算机教学的创新与发展。对此，本节针对微时代下高校计算机教学的创新与发展进行了深入的探究分析，以求能够为相关读者提供积极的参考。

所谓的微时代，就是指当前以微云、微博、微信等传播媒介为代表的信息通讯，用户能够以此为平台进行自身情绪的表达，特别是随着我国信息技术的不断发展，各种各样的微事物丰富了人们的社会生活，如微小说、微电影等，这些新兴事物的不断涌现，在很大程度上增加了用户获取信息的途径。在这一现实背景下，高校计算机教学也需要不断地进行创新发展，以培养出能够适应社会发展的计算机人才。但就目前而言，部分高校计算机课程教学的效果并不理想，如一些高校的计算机教学设备依然使用老旧的计算机设备，限制了教学质量和教学效率的提升；部分高校的课程安排的不合理以及为根据学生专业制定不同的课程内容等等，既无法满足学生的学习需求，更不能取得良好的教学效果。

一、微时代下高校计算机课程教学存在的问题分析

首先就是计算机设备的落后。强化和丰富学生的计算机理论知识，是高校开展计算机课程教学的根本目的，但从当前的计算机教学的现状来看，老旧的计算机设备是限制高校计算机课程教学质量提高的一大阻力。其次，计算机课程安排的不合理性，是限制学生学习兴趣提升，积极性调动的重要因素。高校阶段的大学生有着专业选择上的差异性，不同的专业要求下对学生计算机技能掌握的要求不同，侧重点不一样，故在计算机教学过程中，除了基础部分教学以外，结合不同专业侧重不同的计算机课程内容和技能也是高校教学必须重视的问题。但是现实当中，高校计算机教学课程安排十分不合理，对于计算机专业的学生而言，高校统一安排的计算机教学课程则过于简单，无法满足其想要学习到更专业课程内容的需求；而对于非计算机专业的学生而言，高校制定的计算机课程教学则显得比较困难，

和自身专业的关联度不高，所以打击其计算机学习积极性。然而在微时代下以及当前的社会发展需求背景下，高校计算机教学必须保证学生能够掌握更多的计算机理论知识和先进的技术，高校计算机课程内容的调整就显得十分重要。然而现实情况下高校计算机课程的未调整，不仅浪费了学生的学习时间，还影响了学生的学习成效。最后，部分高校计算机教师的教育观念较为陈旧。在新时代下依然存在部分教师依然沿用传统的教学方式，仅注重理论教学，完全忽视了实践教学，学生只能被动地接受学习；或者由教师进行全局的控制操作，学生缺乏实际动手的机会，最终导致学生学习积极性下降，不利于学生的全面发展。

二、微时代下高校计算机教学的创新与发展

（一）积极改变教学方式，实现教学方式的多元化

计算机教学的重要性不言而喻，作为教师在当前教育改革的背景下，必须要重视自身教学方式的多元化和创新性，以此带给学生不同的感受，为学生提供良好的学习环境，激发其学习积极性。首先，高校要充分意识到计算机课程教学的重要性，在计算机教学设备方面不断加大资金投入，更换相关的计算机设备，紧跟时代发展的步伐，保证学生学习环境的良性，与时俱进；其次，作为教师必须要加强对计算机教学的重视，尤其是要改变其传统的教育教学观念，实现教学观念和方式上的创新，并且借助先进的教学手段进行辅助教学，例如开展微课程教学，上传与计算机相关的最新资讯以及教学视频，激发学生的学习兴趣，提高其参与热情；最后，教师可以借助微时代多元化代表性的通信工具、软件等，比如微信、微博、QQ 等社交软件，与学生构建良好的师生关系，实现与学生之间教育资源的共享，以此来提高学生的自主学习能力，强化学生解决实际问题的能力，促进其综合素质的发展。

（二）提高课程比重，保证计算机课程安排的合理性

教师要结合专业需求，为学生安排合理的计算机课程教学内容，计算机专业和非计算机专业的学生进行分开安排；还需要重视学生对计算机学习兴趣的培养，故高校可以提高计算机课程的比重；为了满足学生的实际需求，高校应结合微时代的特点，对计算机课程的教学内容进行合理安排，帮助学生能够掌握更多的计算机知识。

另外，针对教学内容要进行合理的安排。高校计算机教师教学要做好课前的准备，制定科学的教学方案，合理安排课堂时间，尤其是能够让学生拥有更多的课余时间去学习微课内容和实践练习；其次，重视自主合作探究教学模式的开展，合理分配学生小组成员，引导学生选择感兴趣的项目进行研究和学习，而教师需要加强自身的指导作用，通过观察，以参与者的身份参与学生的讨论，但注意不可过度干预，要适当点拨，以引导为主；最后，教师应根据学生的实际学习情况自行设计一些问题，这些问题可以是突发性的，以此来考察学生的应变能力。

（三）教育观念的革新

要想取得良好的高校计算机教学效果，需要有关教师加强教育观念的革新，在微时代的背景下，更需要具有"微"理念，在教师的角色以及师生的关系等方面都要进行详细的思考。而且教师也需要顺应微时代发展的要求，不断的改变传统教学模式，创新教育观念，积极地开展"微教育"工作，使得高校计算机教学活动的开展更具有特色。同时，教师也要积极的发展引导的作用，要突破以往授课方式的局限，不仅要作为讲授者而存在，也要变为引导者，引导学生们发现问题、解决问题，加强各种思维的锻炼与培养。再者，也要懂得利用先进的教育技术手段，合理地进行因材施教，加强学生之间以及师生之间的沟通，更好的推进当代计算机教学工作的开展。

（四）教学内容的革新

当然，要想加强计算机教学方面的创新，不但要注意教育观念上的革新，还要求有关教育工作者能够注重加强内容方面的创新。计算机教育事业是在不断发展进步的，教学的内容也应该是不断更新的，不能一成不变，只有这样才能更为契合微时代的发展。为此，在进行授课的过程中，就要注重新教材的合理选择。对于教学内容的选择上，既要考虑计算机发展的现状及特点，也要满足社会的实际需要，还要结合学生的专业背景，注重教学内容的与时俱进，确保其实用性、新颖性与趣味性。

（五）教学模式的革新

微时代数字技术、网络通信、媒体平台的迅猛发展，并与各种教育技术相结合，为开展教学活动提供了广阔的天地。针对目前高校大学生参差不齐的计算机知识水平，不同层次的学生对计算机基础知识的学习需求不同，可以采用分层次、立体化的教学模式。先通过一定的筛选方法，确定出不同需求层次的学生，再有针对性地对不同需求层次的学生制定不同的教学目标与教学要求，设计不同的教学内容，通过采用合理有效的教学方式，适当变换授课方式，使学生可以各取所需，从而达到计算机基础教育的最终目标。此外，通过对微技术的有效利用，也可以让教学活动从课内扩展到课外，从线下延伸到线上。

（六）考评体系的革新

教学评价体系是对整个教学环节的监督与评价，也是对学生学习效果的评估。微时代背景下的教学考评模式，应该将形成性评价与终结性评价相结合，更加注重对于学习过程的考核。在网络教学平台上，教师设计并提供多层次及难易度不同的操作练习，学生可以根据自己实际水平进行相应的选择，通过练习检测自己对各模块知识点的掌握情况。在考评内容上，教师不仅要看重学生对于计算机理论知识的掌握及基本操作的熟练度，更应该看重学生对于计算机新知识的接受理解能力以及运用能力。

随着时代的不断向前发展，各个领域都得到了较大的发展，我国高校计算机教育在其时代发展的潮流中就取得了一定的进步。但是随着微时代的到来，我国高校计算机教育正面临着严峻的考验。在微时代的背景下，一些微软件得以诞生并应用，微信、微博以及微课程等事物的兴起为人们叩响了新世界的门扉，人们在新世界中得以畅游与发展，同时对于各个领域的发展也产生了冲击。在高校计算机教学中，就可以融入这种多种信息技术，开展微教育课程，以加强改革创新，以更好的促进我国教育事业的发展。

总之，计算机在当前的社会发展中有着不可替代的作用，高校针对计算机教学必须加以足够的重视，重视理论与实践的联系，为学生提供良好的学习环境，激发其学习兴趣，合理安排课程教学内容，以帮助学生更好地掌握计算机基础知识和技能，促进其全面发展，为其日后工作以及生活中计算机操作提升和应用奠定坚实的基础，提高其社会竞争力。

第五节　高校计算机音乐教学可持续发展

计算机音乐是伴随着科技、媒体等发展而来的新技术、新理念，从 20 世纪末开始，逐渐应用于各类音乐活动中。在这一背景下，先是由专业艺术、音乐院校开设了电子音乐和录音等相关专业，后被其他学校效仿，也纷纷开设了 MIDI 制作、电脑音乐基础等专业和课程。为保证课程的价值和意义得到最大化的发挥，需要对教学进行全面的审视，以趋利避害，扬长避短，实现可持续发展方针。

一、高校计算机音乐教学的现状

计算机音乐，是指利用计算机或其他的多媒体设备，通过各类程序和软件，进行作曲或音频信号处理的学科，是计算机和音乐结合的产物。"计算机音乐作为一门新的学科领域，对高校音乐教学的影响比较深远，一方面对高校音乐教学产生了积极作用，有利于改变传统的教学模式，构建新型的音乐教学模式，是高校实现培养复合型音乐人才目标的有效手段和途径。"①但是因课程本身比较年轻，故在教学中也难免存在一些问题和不足，主要表现在以下几个方面：首先对课程作用和价值认知上的不足。很多学校之所以开设这门课程，更多的是出于跟风效仿，对于课程到底有何价值和作用较为模糊，这就使教学缺少了方向性的引领。其次是课程与其他学科的联系不足。计算机音乐可以广泛应用于声乐、器乐、视唱练耳等多门音乐专业课程，并可以获得事半功倍的良好效果。但从实际来看，这种联系并不紧密，使计算机音乐课程陷入了单兵作战的境地，也人为疏远了学生与课程之间的距离；其次是教学的针对性不足。计算机音乐自身的发展是日新月异的，内容十分丰富，这也要求教学中要对内容进行选择和取舍，尽可能让做到"所学即所用"。而从实际来看，这种针对性还有很大的提升空间。最后是教学实践不够丰富。计算机音乐是一门有着鲜明实践性特点的学科，学习各种知识和技能，可以在音乐鉴赏、创作和教学中合理运用。但是学生们普遍缺少实践的意识和机会，学习效果自然受到了限制。以上存在的诸多问题，是一门新兴学科在发展中必然要面对的，打破了这些瓶颈，则必将开辟出新的发展空间。

二、高校计算机音乐教学可持续发展路径

（一）明确学科价值和意义

在这门学科开设之前，作为学校和教师来说，要对为什么开设这门课程，要起到哪些作用，如何科学地开展等一系列基本问题有明确的认识。对此，可以从以下几个角度进行分析和解读。

---

① 傅波著.计算机专业教学改革研究[M].成都：西南交通大学出版社，2018.09.

首先是时代发展角度。计算机音乐的出现是时代发展的产物。在计算机音乐出现之前，音乐创作和欣赏的周期长、困难多，音乐内容也不够丰富，难以满足人们的审美需要。而计算机音乐出现后，则让音乐艺术以一种全新的姿态呈现在人们面前。在各类音乐活动中，在电脑和软件的帮助下，几乎到了左右逢源、随心所欲的地步，其已经不再是一门单纯的技术，而成为一种时代现象。所以从这个角度来说，计算机音乐技术也应该与钢琴、声乐一样，成为音乐专业学生必须要掌握的知识和技能。

其次是行业发展角度。计算式音乐的出现给音乐发展带来了革命性的变革，表现为具有突出实用价值和市场价值。实用价值是指其可以更加轻松省力和科学精准的进行各类音乐活动。以多声部音乐作品的创造来说，传统创作中，需要重复数十次甚至上百次，但是在电脑和软件的帮助下，则只需利用鼠标和键盘，一个人就可以代替一支交响乐队与合唱团。其效率和效果是难以比拟的。市场价值是指当下市场对于计算机音乐人才有着大量的需求，具有较强计算机音乐技术的人才，往往会在就业中在占得先机，这在就业难的整体大形势下是具有突出的现实意义的。

所以，要对课程的价值和意义有明确的认识，并将其作为教学的总引领，按部就班的开展一系列教学活动，从源头上保证方向的正确性。

（二）合理规划教学内容

与其他学科相比，计算机音乐还较为年轻，全国范围内还没有统一的教材和教学的大纲，这也便于学校和教师对教学内容进行灵活的调整。具体来说，要做到以下几个方面。

首先是注重教学内容的适用性。要充分考虑到学生的基础水平和接受能力，按照由易到难的顺序进行学习，尽可能突出部分内容之间的联系，便于学生系统地掌握。切记故弄玄虚，让学生产生畏难情绪，而是从激发学生的兴趣和主动性入手。

其次是突出教学内容的针对性。考虑到学生今后的就业方向是较为广泛的，所以教学不能仅局限于 MIDI 制作，而是尽可能提供多元化的学习内容。以中小学音乐教师为例，这是音乐专业毕业生最主要的就业方向之一。其对学生计算机音乐知识和技能掌握也是有特殊要求的。如乐谱编辑。教师在制作 PPT、录制微课时，也需要对乐谱进行编辑和排版，如果不具备这项技能，就如同中文系学生不会板书一样尴尬。又如音频编辑。在音乐教学中，需要教师对音乐内容进行剪辑、拼接等，需要教师熟练运用 Cubase、Protools、Logic 等软件。

因此，学校和教师要根据行业发展需要和学生就业需要，对教学内容进行科学合理的规划，尽可能地保证学生需有所长和学以致用。

（三）将计算机音乐与其他学科有机融合

计算机音乐既是一门独立的学科，同时也与其他学科有着密切的联系，而且更为重要的是，通过两者有机的融合，可以获得互动发展的良好效果。故在教学中，不能割裂多方的关系，而是要善于积极利用。如与乐理教学的融合。在乐理教学中，五线谱的书写是较为复杂的，还经常会出现错误，老师需要在钢琴和讲台之间来回穿梭，而利用一些作曲软件，则可以将各种复杂的乐谱信息清晰准确的呈现出来。打谱、移调等更是不在话下。又如与音乐鉴赏的融合。利用多媒体设备播放乐曲，是最常见的音乐鉴赏方式，但是当面对一些合唱、交响乐作品时，便会受到极大的限制，难以对声部或乐器进行单独展示。而在计算机音乐技术的帮助下，可以任意对作品进行分解和重构，帮助学生从局部和整体全面把握作品。再如在和声教学中，和声的学习是具有一定难度的，很多学生对此都带有畏难情绪。而计算机音乐技术却可以将复杂问题简单化、抽象内容直观化。比如在讲解和弦结构时，就可以利用 Sibelius 软件，将和弦构成生动的展示出来。而利用 Musicwin 软件，则可以让学生对和弦连接有更加深刻的认识。最后，在视唱练耳教学中，计算机音乐技术同样是必不可缺的帮手。既可以利用软件随意、反复播放，也可以选择不同的乐器和节奏等，而且各种展示都是绝对准确的，可以在很大程度上缓解传统教学中枯燥感。所以说，要主动将计算机音乐技术与其他学科相结合，以达到协同发展的效果。

（四）鼓励学生投身艺术实践

实践性是计算机音乐学科的基本特征，空有知识和技能，却难以在实践中利用，无疑是有悖于课程开设初衷的。尤其是当下学生实践意识和能力不足的状况下，更要充分认识到实践的价值，从多个环节入手使该环节得到完善。

首先，教师要多给你学生以实践的机会。在讲述或示范完毕后，可以让学生放手去探索，也只有在一次次亲手操作、亲身体验中，才能得到真正的历练。同时，实践不能仅局限于课上，而是贯穿于教学始终的，特别是在互联网技术和新媒体技术日益发达的今天，完全可以开展多种形式的课下实践活动，如 MIDI 制作大赛、计算机音乐教学大赛等，都可以激发学生的兴趣和主动性，获得事半功倍的效果。

其次，教师要对学生的实践予以及时有效的评价。实践的意义就在于不断地补充和完善，所以教师应对学生的实践予以全程指导和及时的评价，让学生认识到自身的优点和不足，继而做出有针对性的调整。总之，只有学生乐于实践、善于实践，才能使这门学科的价值得到最大化的彰显。

综上所述，"目前计算机音乐制作专业正处于发展阶段，为社会输送了一些人才，但是仍存在课程体系设置滞后、教学方式方法传统守旧、教师总体素质有待提高等问题。"① 所以在这种形势下，必须冷静下来，对现有的教学进行全面的审视和长远的思考，使其特有的价值和意义得到最大化的发挥，走在与时俱进的道路上，真正实现可持续发展。本节也正是基于此目的，从多个角度对其变革与完善进行了思考，希望起到一定的启示和借鉴作用，推动这门学科发展更上一层楼。

---

① 傅波著. 计算机专业教学改革研究 [M]. 成都：西南交通大学出版社，2018.09.

第六节　高校计算机实验教学现状及发展

计算机教学是高校教学中的一个重要内容，但并不是所有的高校都能意识到这一问题。就目前来说，我国高校计算计实验教学的情况不是很乐观，要创建活力向上的高校计算机实验教学，就必须将其引入 21 世纪发展的大环境中来。本节通过对高校计算机教学的调查研究，简述现代高校计算机实验教学的不足以及现状，并提出相应的改进方法。

随着社会的进步和科学技术的发展，计算机实验教学已经作为一种常见的辅助教学的手段贯穿于高校的教学之中，计算机实验教学因其良好的可操作性，实验结果可以快速准确的确认，具有非常强的实践性，非常符合现代社会要求培养实践复合型应用人才的要求。目前，许多高校都设有计算机专业，可是由于其设立时间短，经验不足，无法应对现代社会激烈的竞争环境和就业市场。本节就如何改善这一问题，就高校计算机实验教学进行了研究和分析。

一、高校计算机实验教学的现状和不足

（一）高校对家算计实验教学认识的深度不够

一直以来，受传统的教学模式和思路的影响，大部分高校的领导及老师对计算机实验教学的认识不足，"重理论轻实践"的思想还根深蒂固。传统的教育方式在我国的教育史上做出了很大的贡献，但是时代的发展使得这个传统的模式不再符合现代的发展潮流，面临着许多的挑战。正是因为这种思想的存在，高校计算机实验教学还处于理论教育为主的阶段，即使有实验也是以验证性的试验为主、探索创新性试验为辅的教学模式。与此同时，很大一部分高校没有完善的计算机实验教学的设施与场地，没有

完善的考察方法，无法对学生的学习成果进行检验，学生理论强、实践能力弱，高校计算机实验教学还有很长的路要走。

（二）计算机实验教学方式落后

计算机试验因其本身的特点具有其特殊性，并且多数课程会受硬件设备的影响，故在目前的计算机实验教学中，大多数高校还是实施教师讲授、学生模仿的传统教学方式，其次传统的实验模式对仪器的依赖性较强，教学中都有固定的实验模板，每次实验的内容和形式几乎一样，这一固定的内容对学生并没有吸引力，对提高学生学习兴趣，发挥学生的主观能动性没有任何作用，反而会束缚学生的创新意识，老师在讲授过程中面对所有学生，此过程中无法保障所有学生理解实验过程，试验具有一定的盲目性，也影响了教学实验效果。

（三）不可因材施教

就我国高校现有的教学方式来看，大部分高校还是用统一的教材，教师图课堂上统一讲授，学生统一进行实验操作。学校的计算机实验教学还是面对全部学生，教学目标优先考虑多数群体和多数专业，没有针对性。而学生因生活环境和知识储备对计算机实验教学的接受能力不同，计算机水平有所差异，面对老师所教授的内容或方法无法统一全部接受。在这一过程中容易导致部分学生产生厌学情绪，丧失对计算机领域学习的兴趣和信心，不利于计算机实验教学在高校的全面展开。

（四）高校计算机教师力量薄弱

因为高校计算机实验教学开设的时间短，专业人才储备不足，导致高校师资力量相对薄弱，同时高校教师的专业技能不强，以其自身的能力无法对学生进行有效的专业指导，教学的方式也比较落后，对新设备的理解能力和使用能力不够。这一切都会导致高校计算机实验教学无法高效进行。

（五）网络实验成果验收困难

高校会设置网络教学平台，提供网络实验设施，但是整体来说开设的网络教学课程较少，老师开设网络课程会打乱原有的课程设置。其次，网络实验课程的开展教师无法实时监控网络，对学生的实验效果无法掌控，导致教师对课堂实验成果无法进行验收，这一缺点会使部分学生缺乏管理意识，实验完成质量下降，而且网络平台上可以查到实验需要的网络资源，学生可以利用这一资源应对教学任务，这一行为使学生丧失了主观能动性，主动学习能力下降，这一现象急需我们改正。

二、改善高校计算机实验教学的方式

（一）高校对计算机实验教学认识的改变

想要发展高校计算机实验，首先高校必须改变原有对计算机实验的认识，在改变这一错误认识的前提下才可能做到对计算机实验教学重视，认识到计算机试验的重要性，找到自己的不足，针对高校自身的缺陷进行革新，加大对计算试验领域人才的培养力度，明确改革方向。同时在计算机实验教学中，要不断丰富课堂的教学内容，优化教学方式，根据计算机应用的实际特点增加实验学习的内容，形成与时俱进的教学模式。

（二）以学生为主体，着力培养创新型人才

学生是高校计算机课程所面对的主要群体，一切教学都是为了培养学生。鉴于各高校的实际情况不同，高校应该建立一套符合自身发展特点的开放式的创新型课堂管理模式，强调课程制度化教学，用制度规范和管理计算机实验的顺利进行，提高实验设施、场地的利用效率。开放实验室，把主动权交还给学生，尽量给学生一些时间，让他们在活跃的课堂气氛下多讨论、多发问、多动手，充分发挥学生在计算机实验课程中的主观能动性，

提高学生在该领域的学习热情和创新能力。

（三）培养老教师，发掘新教师

对学校原有的专业老师进行技术能力的再培养，学校原有的教师具有一定的专业知识和能力，但同时其受传统教学思想的制约比较严重，无法完全适应现代高校计算机实验教学的任务，在很大程度上限制了高校学生的专业发展。因此要对老师进行培养，提高其专业素养，而且此方法比较简单高效。在重新培养老教师的同时，也要注重挖掘新的专业教师，不断充实和扩大教师管理队伍，新的老师接受新鲜事物能力较强，与学生年龄相仿，容易和学生融合图一起，提高学生对计算机实验的认可程度。无论是哪一方法我们都必须要坚持以内部培养为主，外部引进为辅的培养方式，最终建立一个以高素质专业人才为主的教师团队，使高校计算机实验课程更加规范化、合理化。

（四）培养学生兴趣，因材施教

兴趣是最好的老师，一切课程都要以提高学生兴趣为目标。因此，我们要改变固有的教学模式，改变应试教育下的教学模式，独立开展计算机教学和实验，把课堂交给学生，充分活跃课堂氛围，激发学生学习兴趣，教学过程中教师要利用一切手段来调动学生的积极性，加强学生对计算机教学的认可。此外，因学生来自的地区不同，生活条件不同，故对计算机实验的接受程度和学习能力也不同，教师要根据不同的学生采取相应的教学方式，对基础较差的学生进行鼓励，提高他们的学习热情。

（五）开启针对性的实验课堂，着力打造立体课堂教学

计算机的教学面对的是不用专业的人群，故我们要根据不同的专业开设相应的实验课程，把实验课程进行优化组合。在教学的过程中要充分发挥现代多媒体技术的作用，在实验过程中进行模拟演示，使学生学习的同时感受实验效果，把枯燥的理论教学应用到生活中，使学习更加具体化、

形象化。设置实际的实验，让学生参与到实验中，提高学生发现问题、解决问题的能力。

（六）加强校企的共建，优势互补，协同共进

校企共建加强校企合作，在此过程中可以增加学生的实训项目，提高实训力度。校企联合，充分利用企业的资源优势为学校的实验教学提供支持，企业可以为计算机实验教学提供资金、场地和其他支持，高校的计算机人才储备的增加也为企业注入新的发展力量，为企业发展提供技术的支持，增加企业竞争力，为企业日后发展助力，双方达成密切合作同时也使计算机实验教学、科研技术的开发应用与企业密切结合，优势互补，有利于企业的发展和高校计算机实验课程教学水平的提高，学生实践能力增强，为学生日后的就业打下了坚实的基础。

总而言之，近年来我国经济科学不断进步，计算机不断普及，通过研究表明计算机实验教学图高校的学习中占据重要地位，我们必须加强对计算机实验课程重要程度的认识，加大对计算机专业人才的培养力度。但是由于我国计算机的兴起较晚，其发展还存图着许多缺陷，我国许多高校对计算机实验这一课程的认识不够，重视程度不够，高校计算机教学的现状不容乐观。要想改变这一现状必须从源头解决这一问题，本节对此做出了基本阐述。

第七节　我国高校计算机基础教学的今后发展

如何改革高校计算机基础教学思想、内容以及方式是 21 世纪以来我国关注的一个重要问题，需要教育部门引起高度重视。本节主要围绕"我国高校计算机基础教学的今后发展"这一主题进行探讨，并提出一些建设性意见，为提高高校计算机基础教学效率以及质量贡献微薄之力。

众所周知，随着我国社会市场主义经济的高速发展，我国的教育事业

得到质的飞跃，逐渐完成了由量变到质变的转化，高校计算机基础教学取得一定成效。随着时间的推移，我国计算机信息技术迅猛发展，深化落实相关的教学改革工作，促使高校计算机基础教学今后的发展趋势逐渐趋于多元化、专业化以及测评规范化，其发展前景一片光明。

一、我国高校计算机基础教学的"多元化趋势"

笔者通过查询相关资料发现，我国大多数高校在进行计算机基础教学的过程中，教学思想均为"基本统一"（各种学校以及各个专业在教学的过程中，采取统一的教学内容以及教学方式，教学目标基本相同），没有明确"因材施教"的重要性，计算机基础教学方式过于单一化。据调查可知，在20世纪的时候，我国本科院校、专科院校、研究型院校以及教学型院校等各种学校都遵循"基本统一"的教学思想，导致计算机基础教学效率停滞不前，教学质量不尽人意。随着时间的推移，我国部分高校摒弃了传统的教学思想以及教学方式，注重学生学习的主体地位，强调发挥学生的主观能动性，创新多种多样的计算机基础教学方式，呈现多元化趋势，逐渐形成了一种"百家争鸣、百花齐放"的局面。正所谓"纸上得来终觉浅，绝知此事要躬行"，目前，我国多数教师在进行高校计算机基础教学的时候，将理论教学与实践教学有效结合，并且灵活运用"案例"教学方式，集中学生注意力，以此激发学生学习兴趣。

据调查可知，当前我国各种学校在进行计算机基础教学的时候，已经摒弃传统的"基本统一"教学思想，根据学生的实际情况展开教学。对于计算机水平测试而言，教学型院校以及研究型院校开始不参与相关的等级考试，而部分高校则把计算机等级考试的成绩作为评判学生的标准；对于计算机教材而言，部分高校运用教育部编制的计算机教材，部分高校则运用自编的计算机教材等……显而易见，随着时代的更迭，我国高校计算机基础教学在今后发展中，逐渐趋于多元化趋势，其多元化体现在多个方面，包括教学方式、教学内容以及教学重点等。①

二、我国高校计算机基础教学的"专业化趋势"

据调查可知，我国高校计算机基础教学与专业在不断融合，促使高校计算机基础教学的发展趋势呈现专业化。高校计算机基础教学与专业的融合形式丰富多样，表现形式非常多，主要表现为内容与专业相互融合。正所谓"追根溯源"，我国高校计算机基础教学专业化趋势日趋明显是有其原因的，笔者通过查询相关资料以及结合自身多年的工作经验，提出以下见解：第一，随着我国国民经济高速发展，我国计算机信息技术迅猛发展，促使各专业内容与信息技术有机结合，进而提高各个专业内容的科研水平，导致部分专业学科的教学离不开计算机信息技术。第二，现阶段，我国复合型创新人才日益增多，这些教师不仅仅具有夯实的专业学科知识基础，还精通各种计算机技术。随着时间的推移，我国高校各个专业涌现出许多高学历学生，其在学习过程中拓展自身的计算机思维，具有较强的应用能力，为我国提供大量的计算机复合型创新人才，促使我国高校计算机基础教学在今后发展中能够趋于专业化。

三、我国高校计算机基础教学的"测评规范化趋势"

笔者通过查询相关资料发现，我国高校计算机基础教学在今后的发展中，其计算机水平测评逐渐趋于规范化。现阶段，我国的计算机等级考试具有一定程度上的问题，需要有关部门及个人引起高度重视，明确存在的问题，掌握"千磨万击还坚劲，任尔东西南北风"的精神做到具体问题具体分析，采取有效措施进行改善。多数专家认为，我们应该淡化计算机等级考试，建立新型的计算机水平测评体系，保障新型的测评体系能够适用于计算机教师与学生，能够有效提高高校计算机基础教学效率以及质量。

---

① 张森.论我国高校计算机基础教学的今后发展 [J].计算机教育,2005(10)：9-11.

显而易见，我国计算机等级考试在一定程度上具有积极意义，但随着时代的不断发展，等级考试逐渐与时代脱轨，没有顺应时代潮流。基于此，我们应该紧跟时代发展的步伐，规范计算机水平测评，势在必行。进入 21 世纪以来，现代化先进的 IT 技术涉及的领域越来越广，其应用频率逐渐增高，社会各界人士逐渐认识到计算机技术的重要性，我国各所高校将计算机作为一门必修课程。由此可见，我们应该逐渐摒弃计算机等级考试这一传统的测评体系，紧扣当代学生的学习需求，创新计算机水平测评体系。笔者认为，我们应该从以下几个角度出发：第一，确定一个科学化、合理化的指导思想，尊重学生的意愿，不能够强迫学生被动参与测评活动。第二，计算机水平测评的具体内容一定要精心挑选，保障测评内容足够科学化、合理化以及规范化。除此之外，要求计算机水平测评内容应该是多方面的，主要包含有以下几个方面：测评学生计算机知识掌握情况，测评学生应用计算机能力高低，测评学生解决计算机问题的能力高低，测评高校计算机基础教学效率以及质量，测评高校计算机基础教学实验条件好坏以及测评与专业学科融合程度等。在新形势下，我们应该创新计算机水平测评方式，比如举办更有新意的计算机竞赛活动，这样做的主要目的是为了让学生在参与活动中体现出自身的独创性，并且能够培养学生的竞争意识以及合作意识，促使学生在潜移默化中提高自身的计算机能力，拓展自身的计算机思维。此外，开展此类创新型计算机竞赛活动，相当于给学生提供一个展示平台，能够促使学生在活动中获取自我满足感，有效提高学生学习计算机的自信心，激发学生学习计算机的兴趣，在一定程度上提高我国高校计算机基础教学的时效性。

综上所述，随着我国国民经济的快速发展，我国计算机信息技术也在不断地发展。在这样的社会背景下，我国高校计算机基础教育逐渐越过转折点，得到质的飞跃。为了顺应时代发展潮流，各高校在进行计算机基础教学的过程中，应该摒弃传统的教学思想、教学内容以及教学方式，紧跟时代发展需求，创新计算机基础教学思想、教学内容以及教学方式，进而提高学生的计算机能力，提高计算机基础教学效率以及质量，为我国奠定复合型计算机人才基础。随着时间的推移，我国高校计算机基础教学的发展趋势逐渐趋于多元化、专业化以及测评规范化。

第八节　高校计算机辅助教学的 SWOT 分析及发展

随着现代信息技术的迅速发展，计算机辅助教学（CAI）作为一种新的教育技术，给教育领域改革创新带来新的契机。图文并茂的计算机辅助教学模式挑战着传统教学模式。但它对教育的影响犹如一柄双刃剑，在诸多方面尽显其优势的同时，实际运用中出现一些不容忽视的问题。笔者在调查、访问的基础上，对高校计算机辅助教学情况的优势（S）、劣势（W）、机遇（O）以及发展对策进行探究，旨在为高校计算机辅助教学良性发展提供参考。

一、高校计算机辅助教学的优势分析

（一）增强感官效应，激发学习兴趣

计算机辅助教学综合应用人工智能、超文本、多媒体和知识库等计算机技术，将图像、语音、文本、视频以及动画等多种教学信息呈现方式，经过教师的精心组织与编排，整合为一套完整的复合媒体系统，把枯燥的教学内容以新颖的方式呈现给学生，为学生提供了全方位的感官刺激，获得了新颖愉快的感官享受。如果将视、听觉和实践结合起来，那么学习效果将会大大提高。作用于视觉的图像、动画、文字、视频；作用于听觉的背景音乐、示范朗读以及旁白解说以及人机互动提供的操作界面，最大限度发挥学生眼、耳、手等器官的协同作用。交互式界面、生动的图文、绚丽的色彩、优美的旋律，强烈地吸引着学生，延长了学生注意力集中的时间，

调动了学生的学习热情，激发了学生浓厚的学习兴趣。

（二）实现人机交互，强化信息交流

与传统的以教师为中心，面对面传授知识和技能，单向传送教学信息的教学模式相比，计算机辅助教学实现了多向交流的教学方式。网络技术与多媒体的配合，不仅实现了人机互动，更增加了师与生、生与生、师与师之间教学信息的多向交流。多媒体和网络技术的运用，克服了学生以固定模式获取知识的缺陷，他们可以根据各自的兴趣爱好、学习习惯以及获取知识的经验来多向选择学习途径。

（三）利用网络资源，拓展知识体系

网络教学资源建设和运用已经成为计算机辅助教学中的硬性指标。充分挖掘包括网络课程、网络媒体素材、教学案例、网络题库、试卷、课件、资料目录索引、常见问题解答以及文献资料等在内的网络教学资源，是拓展学生知识体系的基础。对于学生，一方面可以按照自己的实际需要，不受时间限制的查找上述网络资源。另一方面利用学校的网络教学平台，不仅可以随时随地查阅教师电子教案，点播视频、音频课件等，还可以使用答疑辅导、讨论、在线与离线课程、在线自测等服务。

二、高校计算机辅助教学的劣势分析

（一）课件的专用性特征，使得教学难于实现区别对待

一方面，教师依据个人的教育理论和教学经验，结合特定的教学情境，把教学的目的、内容、策略、顺序等应用到课件中来设计开发课件。即使是这样的教学课件也难以适应千变万化的教学情况。另一方面，因学生学习风格、认知水平、学习经验等的差异，即使是自己开发的教学课件，也会面对不同的教学对象而教师不断调整。

（二）课件的不可重组性特征，造成教育教学资源的极大浪费

通过虚拟仿真来展现那些用普通手段难以描述的物理、化学过程的课件。这些专业的动画或图形普通教师不仅无法完成，而且也很难将诸多有用信息从其他课件中拆分出来。网上数不胜数的免费素材，却因为部分内容不符合教学情境需要或课件教学顺序与教师教学思路相异，而遗憾放弃。

（三）过于依赖多媒体课件的辅助作用，忽视教师主导作用的发挥

一是教师的主导作用被辅助教学所替代，教师职能转变成为放映机的操作者，失去了是讲授者、引导者的职责。二是注重投影屏幕中教学内容呈现，忽视随写随看、灵机应变的板书的运用。三是教师过多地依赖课件，影响教师教学思路和特点的发挥，削弱了教师的主导地位。

（四）教学课件制作质量难于保证，影响学生主动性的提高

首先，课件制作方法原始。部分教师往往只是把原有的纸质教案或板书改成 PPT 等电子版的形式，把原来的板书抄写或讲解变成了电子幻灯片的播放和演示，更有甚者，教师照本宣科地念幻灯片呈现出来的教学内容，学生感觉枯燥无味，注意力难以集中。其次，缺乏对课件教学内容的有效获取。较大的信息量和较快的速度，学生难以适应教学节奏，缺少思考的空间和时间。最后，课件制作过于花里胡哨。重视其生动与形象以及播放，而学生参与问题讨论的机会减少，注意力容易转移。

三、高校计算机辅助教学的发展机遇分析

（一）学生对计算机辅助教学较高的认同感，为其发展奠定了基础

学生是教学的主体，计算机辅助教学在高校的运用与发展，离不开学

生对计算机辅助教学新模式的支持度。调查结果表明，四成以上的学生更愿意教师使用计算机辅助教学，并对计算机辅助教学有浓厚的兴趣。李季的研究结果显示，学生对计算机辅助教学能使课堂教学内容生动，增加教学信息量的认同度。

（二）高校对计算机辅助教学科目和学时的增加，为其发展创造了条件

随着计算机多媒体技术、人工智能技术以及网络通信技术的发展，为高校计算机辅助教学环境的构建提供了有效的技术支持。在此基础上，高校安排的计算机辅助教学科目和学时相应增加，为计算机辅助教学的发展创造了有利条件。调查显示，计算机辅助教学的科目和每周计算机辅助教学的时数分别占总数的 25% 和 30% 以上。[①]

（三）使用计算机辅助教学的教师年轻化，为其发展增添了新动力

中青年教师是学校发展的中坚力量，是推动学校教育改革的先行者。通过调查和走访发现，使用计算机辅助教学 90% 以上是中青年教师。[②] 相同的调查结果也出现在同类研究中。

四、高校计算机辅助教学的发展对策

（一）培养优秀的教师队伍

第一，加强教师教育理念的革新。教师应充分认识计算机辅助教学这一新的教学模式，提高教学效率与质量中的创新性和重要性，不断提高业务素养，发挥计算机辅助教学的积极作用。充分认识计算机辅助教学与传

---

① 吴闯峰.高校计算机辅助教学的 SWOT 分析及发展对策 [J].科技视界,2015(30)：204，223.

② 吴闯峰.高校计算机辅助教学的 SWOT 分析及发展对策 [J].科技视界,2015(30)：204，223.

统教学的特点，辩证地看待两者之间的关系，依据教学大纲，考虑学生实际优化教学方法。第二，增强教师业务素质的提高。教师业务素质的提高是基础。较高业务素质的教师，能够依据学生的学习情况，及时调整自己的教学方法，将传统教学与计算机辅助教学有机融合，更有效地发挥计算机辅助教学的作用。教师现代教育技能的培训是保障。针对教师在计算机辅助教学中存在的不足，发挥高校的优质资源对教师进行现代教育技能的培训，为教师制作优秀的课件，发挥计算机的辅助作用奠定基础。创设激励机制是促进。学校应创设一整套完善的激励机制，"审、赛、考"相结合。审查促进完善，比赛提升档次，考核督促提高。

（二）积累宽厚的网络资源

首先是发挥专业特长教师作用，聚集集体的智慧，为各科教师制作高水平的学科教学课件。其次是完善包括多媒体教学资料库、微教学单元库、教学策略库、资料呈现方式库、虚拟积件资源库在内的积件库，最大限度地整合学校的优质资源不断地完善、并且传承下去。第三是搭建网络教学平台，发挥网络资源优势，丰富学科教学资源。

第四章 计算机专业课程改革与建设

计算机专业相对于冶金、化工、机械、数理等传统专业来说是一个比较新的专业，也是目前社会需求比较大的一个专业。但由于知识结构不稳定、专业内容变化快、新的理论和技术不断涌现等原因，使得本专业具有十分独特的性质：知识更新快，动手能力强。正因为如此，本专业的学生在经过三年的学习后，有一部分知识在毕业时就会显得有些过时，从而导致学生难以快速适应社会的要求，满足用人单位的需要。

目前，从清华、北大等一流大学到一般的地方工科院校，几乎都开设了计算机专业，甚至只要是一所学校，不管什么层次，都开设有计算机类的专业。由于各校的师资力量、办学水平和能力差别很大，因此培养出来的学生的规格档次自然也不一样。但纵观我国各高校计算机专业的教学计划和教学内容不难发现，几乎所有高校的教学体系、教学内容和培养目标都差不多，这显然是不合理的，各个学校应针对自身的办学水平进行目标定位和制订相应的教学计划、确定教学体系和教学内容，并形成自己的特色。

高校作为培养应用型人才的主要阵地，其人才培养应走出传统的"精英教育"办学理念和"学术型"人才培养模式，积极开拓应用型教育，培养面向地方、服务基层的应用型创新人才。计算机专业并非要求知识的全面系统，而是要求理论知识与实践能力的结合，根据经济社会的发展需要，培养大批能够熟练运用知识、解决生产实际问题、适应社会多样化需求的应用型创新人才。基于此，根据高校的办学特点，结合社会人才需求的状况，一些高校对计算机专业的人才培养进行了重新定位，从新调整培养目标、课程体系和教学内容，以培养出适应市场需求的应用型技术人才。

第一节 人才培养模式与培养方案改革

随着我国市场经济的不断完善和科技文化的快速发展，社会各行各业需要大批不同专业的人才。高等教育教学改革的根本目的是"为了提高人才培养的质量，提高人才培养质量的核心就是在遵循教育规律的前提下，改革人才培养模式，使人才培养方案和培养途径更好地与人才培养目标及培养规格相协调，更好地适应社会的需要"。

所谓人才培养模式，就是造就人才的组织结构样式和特殊的运行方式。人才培养模式包括人才培养目标、教学制度、课程结构和课程内容、教学方法和教学组织形式、校园文化等诸多要素。人才培养没有统一的模式。就大学组织来说，不同的大学，其人才培养模式具有不同的运行方式。市场经济的发展要求高等教育能培养更多的应用型人才。所谓应用型人才是指能将专业知识和技能应用于所从事的专业社会实践的人才类型，是熟练掌握社会生产活动的基础知识和基本技能，主要从事一线生产的技术人才。

应用型人才培养模式的具体内涵是随着高等教育的发展而不断发展变革的，"应用型人才培养模式是以能力为中心，以培养技术应用型专门人才为目标的"。应用型人才培养模式是根据社会、经济和科技发展的需要，在一定的教育思想指导下，人才培养目标、制度、过程等要素特定的多样化组合方式。

从教育理念上讲，应用型人才培养应强调以知识为基础，以能力为重点，知识能力素质协调发展。具体培养目标应强调学生综合素质和专业核心能力的培养。在专业方向、课程设置、教学内容、教学方法等方面都应以知识的应用为重点，具体表现在人才培养方案的制定上。

人才培养方案是高等学校人才培养规格的总体设计，是开展教育教学活动的重要依据。随着社会对人才需要的多元化，高等学校培养何种类型与规格的学生，他们应该具备什么样的素质和能力，主要依赖于所制定的培养方案，并通过教师与学生的共同实践来完成。随着高等教育教学改革的不断深入，人才培养的方法、途径、过程都在发生悄然变化，各校结合市场需要规格的变化，都在不断调整培养目标和培养方案。

　　传统的、单一的计算机科学与技术专业厚基础、宽口径教学模式，实际上只适合于精英式教育，与现代多规格人才需求是不相适应的。随着信息化社会的发展，市场对计算机专业毕业生的能力素质需求是具体的、综合的、全面的，用人单位更需要的是与人交流沟通能力（做人）、实践动手能力（做事）、创新思维及再学习能力（做学问）。同时，以创新为生命的 IT 业，可能比所有其他行业对员工的要求更需要创新、更需要会学习。IT 技术的迅猛发展，不可能以单一技术"走遍江湖"，只有与时俱进，随时更新自己的知识，才能有竞争力，才能有发展前途。

　　计算机专业应用型人才培养定位于生产一线从事计算机应用系统的设计、开发、检测、技术指导、经营管理的工程技术型和工程管理型人才。这就需要学生具备基本的专业知识，能解决专业问题的技术能力，具有沟通协作和创新意识的素养。

　　为适应市场需求，达到培养目标，某高校提出人才培养方案优化思路：以更新教学理念为先导，以培养学生获取知识、解决问题的能力为核心，以优化教学内容、整合课程体系为关键，以课程教学组织方式改革为手段，以多元化、增量式学习评价为保障，以学生知识、能力、素质和谐发展，成为社会需要的合格人才为目的。

　　基于以上优化思路，在有企业人士参与评审、共建的基础上，某高校从几个方面对计算机专业的人才培养方案进行了改革。

一、科学地构建专业课程体系

从社会对计算机专业人才规格的需求入手，重新进行专业定位、划分模块、课程设置；从全局出发，采取自顶向下、逐层依托的原则，设置选修课程、模块课程体系、专业基础课程，确保课程结构的合理支撑；整合课程数，或查漏补缺，或合并取精，优化教学内容，保证内容的先进性与实用性；合理安排课时与学分，充分体现课内与课外、理论与实践、学期与假期、校内与校外学习的有机融合，使学生获得自主学习、个性素质协调发展的机会。

（一）设置了与人才规格需求相适应的、较宽泛的选修课程平台

有 22/50 的大量选修课程，提供了与市场接轨的训练平台，为学生具备多种工作岗位的素质要求打下基础。如软件外包、行业沟通技巧、流行的 J2EE、.NET 开发工具、计算机新技术专题等。

（二）设置了人才需求相对集中的 5 个专业方向

软件开发技术（C/C++ 方向、软件开发技术（JAVA 方向）、嵌入式方向、软件测试方向、数字媒体方向。每一方向有 7 门课程，自成一套体系，方向分流由原来的 3 年级开始，提前到 2 年级下学期，以增强学生的专业意识，提高专业能力。

（三）更新了专业基础课程平台

去粗取精，适当减少线性代数、概率与数理统计等数学课程的学分，要求教学内容与专业所需相符合；精简了公共专业基础课程平台，将与方向结合紧密的部分基础课程放入了专业方向课程之中，如电子技术基础放入了嵌入式技术模块；增加了程序设计能力培养的课程群学分，如程序设计基础、数据结构、面向对象程序设计等。从学分与学时上减少了课堂教

学时间，增大了课外自主探索与学习时间，以便更好地促进学生自主学习、合作讨论和创新锻炼。

二、优化整合实践课程体系，以培养学生专业核心能力为主线

根据当地发展对计算机专业学生能力的需求来设计实践类课程。为了更好地培养学生专业基本技能、专业实用能力及综合应用素质，在原有的实践课程体系基础上，除了加大独立实训和课程设计外，实验比例大大增加，仅独立实践的时间就达到 46 周，加上课程内的实验，整个计划的实践教学比例高达 45% 左右。而且在实践环节中强调以综合性、设计性、工程性、复合性的"项目化"训练为主体内容。

三、重新规划素质拓展课程体系

素质拓展体系是实践课程体系的课外扩充，目的是培养学生参与意识、创新能力、竞争水平。在原有的社会实践、就业指导基础上，结合专业特点设计了依托学科竞赛和专业水平证书认证的各种兴趣小组和训练班，如全国软件设计大赛训练班、动漫设计兴趣小组、多媒体设计兴趣班、软件项目研发训练梯队等，为学生能够参与各种学科竞赛、获取专业水平认证、软件项目开发等提供平台；为学生专业技术水平拓展、团队合作能力训练、创新素质培养提供了机会。

四、加强培养方案的实施与保障

人才培养方案制定后，如何实施才是关键。为了保证培养方案的有效实施，要加强以下几方面的保障。

（一）加强师资队伍建设

培养高素质应用型人才，首先需要高素养、"双师型"的师资队伍。教师不仅能传授知识，因材施教，而且要具有较强的工程实践能力，通过参加科研项目、工程项目，以提高教育教学能力。为此，学校、学院制定了一系列的科研与教学管理规章制度和奖励政策，积极组建学科团队、教学团队及项目组，加强教师之间的合作，激励其深入学科研究、加强教学革新。

（二）注重课程及课程群建设的研究

课程建设是教学计划实施的基本单元，主要包括课程内容研究、实验实践项目探讨、课程网站及资源库建设、教材建设等。目前，基于区、校级精品课程与重点课程的建设，已经对计算机导论、程序设计基础、数据结构、数据库技术、软件工程等基础课程实施研究，以课程或课程群为单位，积极开展研究研讨活动，形成了有实效、能实用的教学内容、实践项目，建设了配套资源库和课程网站，建设多种版本的教材，包括有区级重点建设教材。下一步由基础课程向专业课程推进，促进专业所有相关课程或课程群体的建设研究。

（三）改革教学组织形式与教学方法

传统的以课堂为教学阵地，以教师为教学主体的教学组织形式，不适合于信息时代的教育规律。课堂时间是短暂的，教师个人的知识是有限的，要想掌握蕴涵大量学科知识的信息技术，只有学习者积极参与学习过程，养成自主获取知识的良好习惯，通过小组合作讨论发现问题、解决问题、提高能力，即合作性学习模式。本专业目前已经在计算机导论、软件工程等所有专业基础课、核心课中实施了合作式的教学组织形式。师生们转变了教学理念，积极参与教学过程，教学相长，所取得的经验正逐步运用到专业其他课程中去。

（四）加强实践教学，进一步深化"项目化"工程训练

除了必备的基本理论课以外，所有专业课程都有配套实验，而且每门实验必须有综合性实验内容。结合课程实验、课程设计、综合实训、毕业实习、毕业设计等，形成了基于能力培养的有效实践课程体系。依托当地新世纪教育教学改革项目的建设，大部分实践课程实施了"项目化"管理，引入实际工程项目为内容，严格按照项目流程运作和管理，学生不仅将自己的专业知识应用到实际，得到了"真实"岗位角色的训练，团队合作、与用户沟通的真实体验，而且收获了劳动成果。

（五）构建多元化评价机制

基于合作性学习模式的评价机制，是多元评价主体之间积极的相互依赖、面对面的促进性互动、个体责任、小组技能的有机结合。具体体现在学生自我评价、小组内部评价、教师团队评价、项目用户评价等，注重参与性、过程性，具有增量式、成长性，是因材施教、素质教育的保障。这种评价方式已经在本专业所有"项目化"训练的实践课程中、在基于合作式学习课程中实施。学生反馈信息表明，这种评价比传统的、单一的知识性评价更科学合理，他们不仅没有了应付性的投机取巧心理，而且对学习有兴趣、主动参与，学习能力和综合素质自然就提高了。这种评价机制正逐步在所有课程中推广应用。

第二节　课程体系设置与改革

一、课程体系的设置

课程体系设置得科学与否，决定着人才培养目标能否实现。如何根据

经济社会发展和人才市场对各专业人才的要求，科学合理地调整各专业的课程设置和教学内容，建构一个新型的课程体系，一直是我们努力探索、积极实践的核心。各高校计算机专业将课程体系的基本取向定位为强化学生应用能力的培养。某高等院校借鉴国内外名校和兄弟院校课程体系的优点，重新设计优化了计算机专业的课程体系。

本专业的课程设置体现了能力本位的思想，体现了以职业素质为核心的全面素质教育培养，并贯穿于教育教学的全过程。教学体系充分反映职业岗位资格要求，以应用为主旨和特征构建教学内容和课程体系；基础理论教学以应用为目的，以"必须、够用"为度，加大实践教学的力度，使全部专业课程的实验课时数达到该课程总时数的30%以上；专业课程教学加强针对性和实用性，教学内容组织与安排融知识传授、能力培养、素质教育于一体，针对专业培养目标，进行必要的课程整合。

（一）遵循 CCSE 规范要求按照初级课程、中级课程和高级课程部署核心课程

①初级课程满足系统平台认知、程序设计、问题求解、软件工程基础方法、职业社会、交流组织等教学要求，由计算机学科导论、高级语言程序设计、面向对象程序设计、软件工程导论、离散数学、数据结构与算法等6门课程组成。②中级课程解决计算机系统问题，由计算机组成原理与系统结构、操作系统、计算机网络、数据库系统等4门课程组成。③高级课程解决软件工程的高级应用问题，由软件改造、软件系统设计与体系结构、软件需求工程、软件测试与质量、软件过程与管理、人机交互的软件工程方法、统计与经验方法等内容组成。

（二）覆盖全软件工程生命周期

①在初级课程阶段，把软件工程基础方法与程序设计相结合，实现软件工程思想指导下的个体和小组级软件设计与实施。②在高级课程阶段，覆盖软件需求、分析与建模、设计、测试、质量、过程、管理等各个阶段，

并将其与人机交互的领域相结合。

（三）以软件工程基本方法为主线改造计算机科学传统课程

①将数字电路、计算机组成、汇编语言、I/O 例程、编译、顺序程序设计在内的基本知识重新组合，以 C/C++ 语言为载体，以软件工程思想为指导，设置专业基础课程。②把面向对象方法与程序设计、软件工程基础知识、职业与社会、团队工作、实践等知识融合，统一设计软件工程及其实践类的课程体系。

（四）改造计算机科学传统课程以适应软件工程专业教学需要

除离散数学、数据结构与算法、数据库系统等少量课程之外，对其他课程进行了如下改革：①更新传统课程的教学内容，具体来说：精简化操作系统、计算机网络等课程原有教学内容，补充系统、平台和工具；以软件工程方法为主线改造人机交互课程；强调统计知识改造概率统计为统计与经验方法。②在核心课程中停止部分传统课程，具体来说：消减硬件教学，基本认知归入"计算机学科导论"和"计算机组成原理与系统结构"（对于嵌入式等方向针对课程群予以补充强化）；停止"编译原理"，基本认知归入计算机语言与程序设计，基本方法归入软件构造；停止"计算机图形学"（放入选修课）；停止传统核心课程中的课程设计，与软件工程结合一起归入项目实训环节。

（五）课程融合

把职业与社会、团队工作、工程经济学等软件技能知识教学与其他知识教育相融合，归类入软件工程、软件需求工程、软件过程与管理、项目实训等核心课程。

（六）强调基础理论知识教学与企业需求的辩证统一

基础理论知识教学是学生可持续发展的学习能力的基本保障，是软件产业知识快速更新的现实要求，对业界工作环境、方法与工具的认知是学生快速融入企业的需要。因此，课程体系、核心课程和具体课程设计均须体现两者融合的特征，在强化基础的同时，有效融入企业界主流技术、方法和工具。

在现有的基础上，进一步完善知识、能力和综合素质并重的应用型人才的培养方案，吸收国外先进教学体系，适应国际化软件人才培养的需要。创新课程体系，加强教学资源建设，从软硬两方面改善教学条件，将企业项目引进教学课程。加大实践教学学时比例，使实验、实训比例达到1/3以上，达到以项目为驱动实施综合训练。

二、课程体系的模块化

在本专业的课程体系建设中，结合就业需求和计算机专业教育的特点，打破传统的"三段式"教学模式，建立了由基本素质教育模块、专业基础模块和专业方向模块组成的模块化课程体系。

（一）基本素质模块

基本素质模块涵盖了知法守法用法能力、语言文字能力、数学工具使用能力、信息收集处理能力、思维能力、合作能力、组织能力、创新能力以及身体素质、心理素质等诸多方面，教学目标是培养学生的人文基础素质、自学能力和创新创业能力，主要任务是教育学生学会做人。基本素质模块应包含数学模块、人文模块、公共选修模块、语言模块、综合素质模块等。

（二）专业基础模块

专业基础模块主要是培养学生从事某一类行业（岗位群）的公共基础素质和能力，为学生的未来就业和终身学习打下牢固的基础，提高学生的社会适应能力和职业迁移能力。专业基础模块课程主要包含专业理论模块、专业基本技能模块和专业选修模块。具体来讲，专业理论模块包含：计算机基础、程序设计语言、数据结构与算法、操作系统、软件工程和数据库技术基础等课程；专业基本技能模块包括网络程序设计、软件测试技术 Java 程序设计、人机交互技术、软件文档写作等课程。

专业基础模块课程的教学可以实行学历教育与专业技术认证教育相结合，实现双证互通。如结合全国计算机等级考试、各专业行业认证等方式，使学生掌握从事计算机各行业工作所具备的最基本的硬件、软件知识，而且能使学生具备专业基本的技能。

（三）专业方向模块

专业方向模块主要是培养学生从事某一项具体的项目工作，以培养学生直接上岗能力为出发点，实现本科教育培养应用性、技能性人才的目标。如果说专业基础模块注重的是从业及其变化因素，强调的是专业宽口径，就业定向模块则注重就业岗位的现实要求，强调的是学生的实践能力。掌握一门乃至多门专业技能是提高学生就业能力的需要。

专业方向模块课程主要包括专业核心课程模块、项目实践模块、毕业实习等，每个专业的核心专业课程一般为 5~6 门组成，充分体现精而专、面向就业岗位的特点。

第三节 实践教学

实践是创新的基础，实践教学是教学过程中的重要环节，而实验室则是学生实践环节教学的主要场所。构建科学合理培养方案的一个重要任务是要为学生构筑一个合理的实践教学体系，并从整体上策划每个实践教学环节。应尽可能为学生提供综合性、设计性、创造性比较强的实践环境，使每个大学生在 3 年中能经过多个实践环节的培养和训练，这不仅能培养学生扎实的基本技能与实践能力，而且对提高学生的综合素质有极大好处。

实验室的实践教学，只能满足课本内容的实践需要，但要培养学生的综合实践能力和适应社会时常需求的动手能力，必须让学生走向社会，到实际工作中去锻炼、去提高、去思索，这也是高校学生必须走出的一步，是学生必修的一课。某高校就实践教学提出了自己的规划与安排，可供我们借鉴。

一、实践教学的指导思想与规划

在实践教学方面，践行"卓越工程人才"培养的指导思想，具体用"一个教学理念、两个培养阶段、三项创新应用、四个实训环节、五个专业方向、八条具体措施"来加以概括：

（一）一个教学理念

即确立工程能力培养与基础理论教学并重的教学理念，把工程化教学和职业素质培养作为人才培养的核心任务之一，通过全面改革人才培养模式、调整课程体系、充实教学内容、改进教学方法，建立软件工程专业的工程化实践教学体系。

（二）两个培养阶段

把人才培养阶段划分为工程教学阶段和企业实训阶段。在工程教学阶段，一方面对传统课程的教学内容进行工程化改造，另一方面根据合格软件人才应具备的工程能力和职业素质专门设计了四门阶梯状的工程实践学分课程，从而实现了课程体系的工程化改造。在实习阶段，要求学生参加半年全时制企业实习，在真实环境下进一步培养学生的工程能力和职业素质。

（三）三项创新应用

（1）运用创新的教学方法。采用双语教学、实践教学和现代教育技术，重视工程能力、写作能力、交流能力、团队能力等综合素质的培养。

（2）建立全新的评价体系。将工程能力和职业素质引入人才素质评价体系，将企业反馈和实习生／毕业生反馈加入教学评估体系，以此指导教学。

（3）以工程化理念指导教学环境建设。通过建设与业界同步的工程化教育综合实验环境及设立实习基地，为工程实践教学提供强有力的基础设施支持。

（4）针对合格的工程化软件设计人才所应具备的个人开发能力、团队开发能力、系统研发能力和设备应用能力，设计了4个阶段性的工程实训环节：

①程序设计实训：培养个人级工程项目开发能力。

②软件工程实训：培养团队合作级工程项目研发能力。

③信息系统实训：培养系统级工程项目研发能力。

④网络平台实训：培养开发软件所必备的网络应用能力。

（5）提出五个专业实践方向。

①软件开发技术（C/C++方向）。

②软件开发技术（JAVA方向）。

③嵌入式方向。

④软件测试方向。

⑤数字媒体方向。

（6）八条具体措施。

①聘请软件企业的资深工程师进行指导教学，开设软件项目实训系列课程。例如，将若干学生组织成一个项目开发团队，学生分别担任团队成员的各种职务，在资深工程师的指导下，有效完成项目的开发，使学生真实地体会到了软件开发的全过程。在这个过程中，多层次、多方向地集中、强化训练，注重培养学生实际应用能力。另外，引入暑期学校模式，强调工程实践，采用小班模式进行教学安排。

②创建校内外软件人才实训基地。学院积极引进软件企业提供实训教师和真实的工程实践案例，学校负责基地的组织、协调与管理的创新合作

模式，强化学生工程实践能力的培养。安排学生到校外软件公司实习实训，在实践中学习，提高自身能力，同时通过实训能快速积累社会经验，适应企业的需要。

③要求每个学生在实训基地集中实训半年以上。在具有项目开发经验的工程师的指导下，通过最新软件开发工具和开发平台的训练以及大型应用项目的设计，提高学生的程序设计和软件开发能力。另外，实训基对学生按照企业对员工的管理方式进行管理（如上下班打卡、佩戴员工工作牌、团队合作等），使学生提前感受到企业对员工的要求，在未来择业、就业以及工作中能够比较迅速地适应企业的文化和规则。

④引进战略合作机构，把学生的能力培养和就业、学校的资源整合、实训机构的利益等捆绑在一起，形成一个有机的整体，弥补高校办学的固有缺陷（如师资与设备不足、市场不熟悉、就业门路窄、项目开发经验有欠缺等），开拓一个全新的办学模式。

⑤加强实训中心的管理，在实验室装备和运行项目管理、支持等方面探索新的思路和模式，更好地发挥实训中心的功能和作用。

⑥在课程实习、暑假实习和毕业设计等环节进行改革，探索高效的工程训练内容设计、过程管理新机制。做到"走出去"（送学生到企业实习）和"请进来"（将企业好的做法和项目引进到校内）相结合的新路子。

⑦办好"校内""校外"两个实训基地建设，在校内继续历练、深化"校内实习工厂"的建设思路，并和软件公司建设校外实训基地。

⑧加强第二课堂建设，同更多的企业共建学生第二课堂。学院不仅提供专门的场地，而且提供专项经费支持学生的创新性活动和工程实践活动。加大学生科技立项和科技竞赛等的组织工作，在教师指导、院校两级资金投入方面进行建设，做到制度保证。

要强化学生理论与实践相结合的能力，就必须形成较完备的实践教学体系。将实践教学体系作为一个系统来构建，追求系统的完备性、一致性、健壮性、稳定性和开放性。

按照人才培养的基本要求，教学计划是一个整体。实践教学体系只能是整体计划的一部分，是一个与理论教学体系有机结合的、相对独立的完整体系。只有这样，才能使实践教学与理论教学有机结合，构成整体。

计算机专业的基本学科能力可以归纳为计算思维能力、算法设计与分析能力、程序设计与实现能力、系统能力。其中的系统能力是指计算机系统的认知、分析、开发与应用能力，也就是要站在系统的观点上去分析和解决问题，追求问题的系统求解，而不是被局部的实现所困扰。

要努力树立系统观，培养学生的系统眼光，使他们学会考虑全局、把握全局，能够按照分层模块化的基本思想，站在不同的层面上去把握不同层次上的系统；要多考虑系统的逻辑，强调设计。

实践环节不是零散的教学单元，不同专业方向需要根据自身的特点从培养创新意识、工程意识、工程兴趣、工程能力或者社会实践能力出发，对实验、实习、课程设计、毕业设计等实践性教学环节进行整体、系统的优化设计，明确各实践教学环节在总体培养目标中的作用，把基础教育阶段和专业教育阶段的实践教学衔接，使实践能力的训练构成一个完整体系，与理论课程有机结合，贯彻于人才培养的全过程。

追求实验体系的完备、相对稳定和开放，体现循序渐进的要求，既要有基础性的验证实验，还要有设计性和综合性的实践环节。在规模上，要有小、中、大；在难度上，要有低、中、高。在内容要求上，既要有基本的，还要有提高的，通过更高要求引导学生进行更深入的探讨，体现实验题目的开放性。这就要求内容既要包含硬件方面的，又要包含软件方面的；既要包含基本算法方面的，又要包含系统构成方面的；既要包含基本系统的认知、设计与实现，又要包含应用系统的设计与实现；既要包含系统构建方面的，又要包含系统维护方面的；既要包含设计新系统方面的，又要包含改造老系统方面的。

从实验类型上来说，需要满足人们认知渐进的要求，要含有验证性的、设计性的、综合性的。要注意各种类型的实验中含有探讨性的内容。

从规模上来说，要从小规模的开始，逐渐过渡到中规模、较大规模上。关于规模的数量，就程序来说大体上可以按行计。小规模的以十计，中规模的以百计，较大规模的以千计。包括课外的训练在内，从一年级到三年级，每年的程序量依次大约为 5000 行、1 万行、1.5 万行。这样，通过 3 年的积累，可以达到 2.5 万行的程序量。作为最基本的要求，至少应该达到 2 万行。

二、实践体系的设计与安排

总体上，实践体系包括课程实验、课程设计、毕业设计和专业实习四大类，还有课外和社会实践活动。在一个教学计划中，不包括适当的课外自习学时，其中课程实验至少 14 学分，按照 16 个课内学时折合 1 学分计算，共计 224 个课内学时；另外综合课程设计 4 周、专业实习 4 周、毕业实习和设计 16 周，共计达到 24 周。按照每周 1 学分，折合 24 学分。

（一）课程实验

课程实验分为课内实验和与课程对应的独立实验课程。他们的共同特征是对应于某一门理论课设置。不管是哪一种形式，实验内容和理论教学内容的密切相关性要求这类实验是围绕着课程进行的。

课内实验主要用来使学生更好地掌握理论课上所讲的内容。具体的实验是按简单到复杂的原则安排的，通常和理论课的内容紧密结合就可以满足此要求。在教学计划中实验作为课程的一部分出现。

（二）课程实训、阶段性实训与项目综合实训

课程实训是指和课程相关的某项实践环节，更强调综合性、设计性。无论从综合性、设计性要求，还是从规模上讲，课程实训的复杂程度都高于课程实验。特别是课程实训在于引导学生迈出将所学的知识用于解决实际问题的第一步。

课程实训可以是一门课程为主的，也可以是多门课程综合的实训，这

些统称为综合实训。综合实训是中多门课程所相关的实验内容结合在一起，形成具有综合性和设计性特点的实验内容。综合课程设计一般为单独设置的课程，其中课堂教授内容仅占很少部分的学时，大部分课时用于实验过程。

综合实训在密切学科课程知识与实际应用之间的联系，整合学科课程知识体系，注重系统性、设计性、独立性和创新性等方面，具有比单独课内实验更有效的作用。同时还可以充分利用现有的教学资源，提高教学效益和教育质量。

综合实训不仅强调培养学生具有综合运用所学的多门课程知识解决实际问题的能力，更加强调系统分析、设计和集成能力，以及强化培养学生的独立实践能力和良好的科研素质。

各个方向也可以有一些更为综合的课程实训。课程实训可以集中地安排在 1~2 周完成，也可以根据实际情况将这 1~2 周的时间分布到一个学期内完成。更大规模的综合实训可以安排更长的时间。

（三）专业实习

专业实习可以有多种形式：认知实习、生产实习、毕业实习、科研实习等，这些环节都是希望通过实习，让学生认识专业、了解专业，不过各有特点，各校实施中也各具特色。

通常实习在于通过让学生直接接触专业的生产实践活动，真正能够了解、感受未来的实际工作。计算机科学与技术专业的学生，选择 IT 企业、大型研究机构等作为专业实习的单位是比较恰当的。

根据计算机专业的人才培养需要建设相对稳定的实习基地。作为实践教学环节的重要组成部分，实习基地的建设起着重要的作用。实习基地的建设要纳入学科和专业的有关建设规划，定期组织学生进入实习基地进行专业实习。

学校定期对实习基地进行评估，评估内容包括接收学生的数量、提供实习题目的质量、管理学生实践过程的情况、学生的实践效果等。

实习基地分为校内实习基地和校外实习基地两类，它们应该各有侧重点，相互补充，共同承担起学生的实习任务。

（四）课外和社会实践

将实践教学活动扩展到课外，可以引导学生开展广泛的课外研究学习活动。

对有条件的学校和学有余力的学生，鼓励参与各种形式的课外实践，鼓励学生提出和参与创新性题目的研究。主要形式包括：①高年级学生参与科研。②参与 ACM 程序设计大赛、数学建模、电子设计等竞赛活动。③科技俱乐部、兴趣小组、各种社会技术服务等。④其他各类与专业相关的创新实践。

教师要注意给学生适当的引导，特别要注意引导学生不断地提升研究问题的层面，面向未来，让他们打好基础，培养可持续发展的能力。反对只让学生"实践"而忽视研究，总在同一个水平上重复。

课外实践应有统一的组织方式和相应指导教师，其考核可视不同情况依据学生的竞赛成绩、总结报告或与专业有关的设计、开发成果进行。

社会实践的主要目的是让学生了解社会发展过程中与计算机相关的各种信息，将自己所学的知识与社会的需求相结合，增加学生的社会责任感，进一步明确学习目标，提高学习的积极性，同时也取得服务社会的效果。社会实践具体方式包括：①组织学生走出校门进行社会调查，了解目前计算机专业在社会上的人才需求、技术需求或某类产品的供求情况。②到基层进行计算机知识普及、培训参与信息系统建设。③选择某个专题进行调查研究，写出调查报告等。

（五）毕业设计

毕业设计（论文）环节是学生学习的重要环节，通过毕业设计（论文），学生的动手能力、专业知识的综合运用能力和科研能力得到很大的提升。学生在毕业设计或论文撰写的过程中往往需要把学习的各个知识点贯穿起来，形成对专业方向的清晰思路，尤其对计算机专业学生，这对毕业生走向社会和进一步深造起着非常重要的作用，也是培养优秀毕业生的重要环节之一。

学生毕业论文（设计）选题以应用性和应用基础性研究为主，与学科发展或社会实际紧密结合。一方面要求选题多样化，向拓宽专业知识面和交叉学科方向发展，老师们结合自己的纵向、横向课题提供题目，也鼓励学生自己提出题目，尤其是有些同学的毕业设计与自己的科技项目结合，学生也可到 IT 企业做毕业设计，结合企业实际，开展设计和论文；另一方面要求设计题目难度适中且有一定创意，强调通过毕业设计的训练，使学生的知识综合应用能力和创新能力都得到提高。

在毕业设计的过程中注重训练学生总体素质，创造环境，营造良好的学习氛围，促使学生积极主动地培养自己的动手能力、实践能力、独立的科研能力、以调查研究为基础的独立工作能力以及自我表达能力。

为在校外实训基地实习的同学配备校内指导老师和校外指导老师，指导学生进行毕业设计，鼓励学生以实践项目作为毕业设计题目。

该高校的计算机专业十分重视毕业设计（论文）的选题工作，明确规定，偏离本专业所学基本知识、达不到综合训练目的的选题不能作为毕业设计题目。提倡结合工程实际，真题真做，毕业设计题目大多来自实际问题和科研选题，与生产实际和社会科技发展紧密相连，具有较强的系统性、实用性和理论性。近年来，结合应用与科研的选题超过 90%，大部分题目需要进行系统设计、硬件设计、软件设计，综合性比较强，分量较重。这些选题使学生在文献检索与利用、外文阅读与翻译、工程识图与制图、分析与解决实际问题、设计与创新等方面的能力得到了锻炼和提高，能够满足综合训练的要求，达到本专业的人才培养目标。

第四节　课程建设

　　课程教学作为职业教育的主渠道，对培养目标的实现起着决定性的作用。课程建设是一项系统工程，涉及教师、学生、教材、教学技术手段、教育思想和教学管理制度多个方面。课程建设规划反映了各校提高教育教学质量的战略和专业特点。

　　计算机专业的学生就业困难，不是难在数量多，而是难在质量不高，与社会需求脱节。通过课程建设与改革，要解决课程的趋同性、盲目性、孤立性以及不完整、不合理交叉等问题，改变过分追求知识的全面性而忽略人才培养的适应性的倾向。下面是某高校提出的课程建设策略。

一、夯实专业基础

　　针对计算机专业所需的基础理论和基本工程应用能力，构建统一的公共基础课程和专业基础课程，作为各专业方向学生必须具有的基本知识结构，为专业方向课程模块提供有效支撑，为学生后续学习各专业方向打下夯实的基础。

二、明确方向内涵

　　将各专业方向的专业课程按一定的关联性组成多个课程模块，通过课程模块的选择、组合，构建出同一专业方向的不同应用侧重，使培养的人才紧贴社会需求，较好地解决本专业技术发展的快速性与人才培养的滞后性之间的矛盾。

三、强化实际应用

为加强学生专业知识的综合运用能力和动手能力，减少验证性实验，增加设计性实验，所有专业限选课都设置了综合性、设计性实验，还增设了"高级语言程序设计实训""数据结构和算法实训""面向对象程序设计实训""数据库技术实训"等实践性课程。根据行业发展的情况、用人单位的意向及学生就业的实际需求，拟定具有实际应用背景的毕业设计课题。

通过多年的探索和实践，课程内容体系的整合与优化在思路方法上有较大突破。课程建设效果明显，已经建成区级精品课程 2 门，校级精品课程 3 门，并制订了课程建设的规划。

作为计算机专业应用型人才培养体系的重要组成部分，课程建设规划制订时要注意以下几个方面：建立合理的知识结构，着眼于课程的整体优化，反映应用型人才培养的教学特色：在构建课程体系、组织教学内容，实题创新与实践教学、改革教学方法与手段等方面进行系统配套的改革；安排教学。

要将授课、讨论、作业、实验、实践、考核、教材等教学环节作为一个整体统筹考虑，充分利用现代化教育技术手段和教学方式，形成立体化的教学内容体系；重视立体化教材的建设，将基础课程教材、教学参考书、学习指导书、实验课教材、实践课教材、专业课程教材配套建设，加强计算机辅助教学软件、多媒体软件、电子教案、教学资源库的配套建设；充分利用校园资源环境，进行网上课程系统建设，使专业教学资源得到进一步优化和组合；重视对国外著名高校教学内容和课程体系改革的研究，继续做好国外优秀教材的引进、消化、吸收工作。

第五节 教学管理

以某高等院校的教学管理为例，汲取其中的有益经验。

一、教学制度

在学校、系部和教研室的共同努力下，完善教学管理和制度建设，逐步完善了三级教学管理体系。

（一）校级教学管理

学校现已形成完整、有序的教学运行管理模式，包括组建质量监控队伍，建立教学管理制度、教学工作的沟通及信息反馈渠道等。学校教务处负责全校教学、学生学籍、教务、实习实训等日常管理工作，同时还设有教学指导委员会、学位评定委员会、教学督导组等，对各系的教学工作进行全面监督、检查和指导。

学校教务管理系统实现了学生网上选课、课表安排及成绩管理等功能。在学校信息化建设的支持下，教学管理工作网络化已实行了多年，平时的教学管理工作，如学籍管理、教学任务下达和核准、排课、课程注册、学生选课、提交教材、课堂教学质量评价等均在校园网上完成，网络化的平台不仅保障了学分制改革的顺利进行，同时大大也提高了工作效率。同时，也为教师和学生提供了交流的平台，有力地配合了教学工作的开展。

学校制定了学分制、学籍、学位、选课、学生奖贷、考试、实验、实习及学生管理等制度和规范，并严格按要求执行。在学生管理方面，对学生德、智、体综合考评，大学生体育合格标准，导师、辅导员工作，学生违纪处分，学生考勤，学生宿舍管理及学生自费出国留学等问题都做了明确规定。

（二）系级教学管理

计算机工程系自成立以来，由系主任、主管教学的副主任、教学秘书和教务秘书来责全系的教学管理工作。主要负责制订和实施本系教育发展建设规划，组织教育教学改革研究与实践，修订专业培养方案，制定本系教学工作管理规章制度，建立教学质量保障体系，进行课堂内外各个环节的教学检查，监督协调各教研室教学工作的实施等。系里负责教学计划与任课教师的管理、日常及期中教学检查、学生成绩及学籍处理以及教学文件的保存等。

（三）教研室教学管理

系下设立多个教研室，负责专业教学管理，修订教学计划，落实分配教学任务，管理专业教学文件，组织教学研究活动与教育教学改革、课程建设、编写修订课程教学大纲及实验大纲，协助开展教学检查，负责教师业务考核及青年教师培养等。

二、过程控制与反馈

计算机学院设有教学指导委员会（由学院党政负责人、各专业系负责人等组成），负责制定专业教学规范、教学管理规章制度、政策措施等。学校和学院建立有教学质量保障体系，学校聘请有丰富教学经验的离退休老教师组成教学督导组，负责全校教学质量监督和教学情况检查。通过每学期教学检查、毕业设计题目审查、中期检查、抽样答辩、教学质量和教学效果抽查、学生评价等各个环节，客观地对教育工作质量进行有效的监督和控制。

由于校、院、系各级教学管理部门实行严格的教学管理制度，采用计算机网络等现代手段使管理科学化，提高了工作效率，教学管理人员尽职尽责素质较高，教学管理严格、规范、有序，为保证教学秩序和提高教学质量起到了重要作用。

（一）教学管理规章制度健全

学校以国家和教育部相关法律、法规为依据，针对教师培训制度、教学管理制度、教学质量检查与评价制度、学生学籍管理制度以及学位评定等制定了一系列文件，并针对教学管理中出现的新情况、新问题，对教学管理相关文件做及时修订、完善和补充。

在学校现有规章制度的基础上，根据实际情况和工作需要，计算机学院又配套制定了一系列强化管理措施，如《计算机网络技术专业"十四五"建设与发展规划》《计算机工程系教学管理工作人员岗位职责》《计算机工程系专任教师岗位职责》《计算机工程系实训中心管理人员岗位职责》《计算机工程系课堂考勤制度》《计算机工程系毕业设计（论文）工作细则》《计算机工程系教学奖评选方法》《计算机工程系课程建设负责人制度》等。

（二）严格执行各项规章制度

学校形成了由院长分管教学，副院长、职能处室（教务处、学生处等）系部的分级管理组织机构，实行校系多级管理和督导，教师、系部、学校三级保障的机制，健全的组织机构为严格执行各项规章制度提供了保证。

学校还采取课程普查制度，组织校领导、督导组专家听课，每学期第一周（校领导带队检查）、中期（教务处检查）、期末教学工作年度考核等措施，保证规章制度执行。

学校教务处坚持工作简报制度，做到上下通气，情况清楚，奖惩分明。对于学生学籍变动、教学计划调整、课程调整等实施逐级审批制；对在课堂教学、实践教学、考试、教学保障等各方面造成教学事故的人员给予严肃处理；对优秀师生的表彰奖励及时到位。

教学规章制度的严格执行，使学院树立了良好的教风和学风，教学秩序井然，教学质量稳步提高，对实现本专业人才培养目标提供了有效保障。

第五章　计算机软件课程设计

第一节　基于多软件融合的计算机设计课程建设

当前，各学科对计算机应用的要求越来越高，传统的计算机基础教学模式已经不能满足学生的学习需求。通识选修课可以作为现有计算机基础课程的补充，可以为计算机基础教学的改革与创新探路，计算机设计应用正是在这样的前提下开设的一门通识选修课。课程保留传统教学模式中的优势，采取以学生为主体的协作学习方法，形成一种创新导向的混合教学模式。同时优化课程的内容，以计算机设计为主要培养方向；完善教学资源，做好资源的建设和共享；建立规范的学生评价体系，重视对教学过程的评价。在计算机设计课程的实践教学中，新的教学模式取得了良好的教学效果，学生学习的积极性和自学能力都得到了显著的提高。

我国高等学校计算机基础教育的普及，始于 20 世纪 80 年代初期，是面向高等学校中非计算机专业学生的计算机教育。随着信息技术的不断发展，以互联网和大数据为技术支撑的新型教育模式层出不穷，大规模网络开放课程、微课和翻转课堂等新的教学模式呈现百花齐放的态势。技术的进步固然促进了计算机基础教育的发展，但是在教学内容与形式的配合，在教学的实践环节与实际应用相结合等方面还缺乏深度的思考和探索。当前大学计算机基础课程，在以下几个方面存在的问题尤为突出：①教学内容陈旧，跟不上软件更新的速度。②教学模式多样，但课堂教学效率低下。

③教学资源局限于教材和校内平台，重复建设，内容缺乏系统性和创新性。
④对于学生的评价以考试为主，重视考试结果，而忽略对教学过程的整体评价。

计算机课程设计建设旨在探索一种基于多软件融合的计算机设计课程新模式，作为大学计算机基础课程的延伸和有力补充。从供给侧为学生提供计算机设计领域的系统性知识和创新性实践。为计算机实践教学模式的改革与创新提供一种新的思路。计算机设计是一个应用非常广泛的计算机应用领域，具有普遍性。尤其是随着大数据时代的来临，数据可视化成为很多学科进行数据分析和成果展示的一个重要手段，使得计算机设计的应用更为广泛。

一、教学内容的创新

（一）课程内容概述

计算机设计应用目前是一门通识选修课，作为大学计算机基础的后续课程，面向全校本科生开放。薛桂波认为，合理的通识教育实践必然不是针对学生的某一方面素质的培养而开展，也必然不是仅仅通过教育的某一种形式所能够完成，它需要着眼于学生的全面素质的发展。在课程内容的选择上，不拘泥于一个软件，只要是与计算机设计相关的知识和软件，都可以纳入到授课范围中来。课程以 PowerPoint、Photoshop 和 Flash 软件为主体，不追求全面讲授软件的功能，紧密围绕计算机设计这一主题，选取软件中与设计关系最密切的功能进行讲解。对于不同软件的讲授，又采取不同的策略，抓住每个软件的优势，强调软件配合使用，重点培养学生发现问题并解决问题的能力。

（二）主讲软件

PowerPoint 因其普及性广，操作门槛低，所以非常适合做计算机设计的入门软件。该软件作为课程讲授的第一个软件进行详细讲解。新版

PowerPoint 的功能日趋丰富，对于设计提供的支持越来越强，完全可以满足学生进行计算机设计的基本要求。在讲授 PowerPoint 操作的同时，也向学生渗透一些设计的基本理念包括，平面构成、立体构成和色彩构成等。Photoshop 作为专业的数字图像处理软件，其主要优势在于像素图像的处理，功能强大的滤镜库可以生成逼真的渲染效果。所以课程在 Photoshop 部分，主要选取一些材质特效的案例如泼水效果的图片合成制作，同时在例子中穿插抠图调色等常用操作。Flash 既是一个矢量动画制作软件，也可以作为平面设计的辅助工具。辅助设计时，它的优势在于矢量图形的制作和曲线图形规律运动的生成。这部分课程，主要包含静态矢量图绘画和位图转制图等内容。在讲解这 3 个软件时，同时介绍它们如何配合使用。例如，用 Photoshop 和 Flash 都可以制作背景透明的 PNG 格式图像，这样的图像文件可以作为元件直接插入到 PPT 中。

（三）辅助软件

课程内容并不局限于上述 3 个软件，还包括数据可视化的一些新的工具和方法。例如在讲解 PowerPoint 的文字效果时，也包括在线文字云生成工具 Tagul 的使用。用 Tagul 生成的文字云，可以用于 PowerPoint 的标题，也可以用来做 PowerPoint 作品的背景。实验难度的设置保持一定梯度，引导学生层层深入发掘。例如在讲解 PowerPoint 的图表功能模块时，首先介绍 Excel 中基本图表的制作，然后开发 PowerPoint 的手绘图表，最后再引入网络在线平台"魔镜"作为大数据图表的生成手段，3 个例子的难度逐步递增。课程内容是动态的可更新的，随着计算机设计领域中新工具的出现而与时俱进。

二、教学模式的构建

（一）模块化教学

采用什么样的教学模式，不是因为这种模式多么新颖，而是因为这种教学模式更适合学生，能够提高学生的学习效率。适合学生的教学模式才是最好的。课程目前采用的教学模式，是一种以创新为导向的混合教学模式。由于内容的多样，为了提高课程的教学质量，合理分配教师工作量，课程采用模块化教学，即每位教师只讲授自己最擅长的软件。这样的教学安排，降低了教师备课的工作量。同时教师在自己擅长的领域持续关注和研究，加强课程内容的深度，为学生带来关于软件的前沿知识。此外，注意加强不同模块教师之间的沟通，进而保证了知识的连贯性。

（二）混合教学模式

打破课程的封闭状态，改变教师向学生的单一传授，克服实际存在的"讲述症""静听症"，走向开放互动，是我国大学课程建设的一个发展趋势。本课程教学模式的设计强调教师与学生之间的互动，把创新性设计项目作为作业布置给学生，引导学生在创新的过程中学习。学生在教师讲授的基础上进行自学，然后在课堂上分享软件的使用心得，鼓励学生通过帮助教师丰富教学资源来辅助教学。这样的模式由学生自主规划学习内容和学习节奏，能够更好激发学生学习的兴趣。另外，课程强调多软件的融合，鼓励学生小组合作完成设计项目。学生在合作完成项目的过程中，进行协作学习。小组内的学生有各自擅长的软件，当发现问题时可以尝试用不同的软件去解决问题，发现软件之间的差异，取长补短。协作学习可以帮助学生掌握多个软件如何配合使用，使得课堂上学到的知识真正做到融会贯通。

三、教学资源的组织

（一）教学资源分类

教学资源是课程非常重要的基础性材料，丰富的资源可以为学生的学习提供更大的自由度。作为一门计算机设计课程，涉及的教学资源主要包括以下几个方面：在线慕课的系统知识以及丰富的微课类小教程；包含软件系统知识和设计理念的专业类书籍，电子书以及网络电子教程；设计的原料：高清图片、图标、声音等素材文件；软件安装包、辅助工具和插件的安装文件等。

（二）教学资源的使用

对于上述资源，既要资源的容量大、覆盖面广，又要考虑学生的学习时间，提高学生单位时间内的效率。这就需要对资源的存储和使用进行规划性的安排。教师可以在基于大数据的教学环境下获取教学资源，并充分利用云计算提供的软件、存储、安全等技术，支持教学，为学生个性化学习提供便利。课程采用百度云作为教学资源的存放平台，因其容量足够大安全性高，又便于对学生发布和分享。在资源的使用上，首先要经过教师的筛选和甄别然后推荐给学生，学生根据自身的兴趣结合对课程内容的掌握情况，有选择性使用。学生在学习过程中发现新软件或方法技巧，也可以推荐给教师，由教师纳入到已有的资源库中去。这样便形成了一个活的教学资源库。

四、学生评价和激励体系

（一）评价的构成

学生评价体系应该是一个综合的评价体系，评价应该涉及学生学习活动的各个方面。评价体系的功能是与教学的过程达成互动，使得教师对学生、学生对自己有一个准确的认识，激励学生完成教学内容的学习。学生的评价和激励是教学活动的量两个重要组成部分，是相辅相成的。学生的评价包括：对学生自学能力的评价；学生获取和使用网络资源的能力的评价；学生在小组合作中的团队协作能力的评价；学生的学习效果和创新能力的评价。

（二）评价的标准

对于以上内容的评价，采用学生自我评价与教师评价相结合的方式，重视教学结果也重视教学过程。制定详细的评价指标，保证评价的可操作性。

（三）评价和激励的意义

通识教育强调创造性学习，注重培养学生独立思考、主动获取和应用知识信息的创新能力，这已逐渐成为高等教育改革的重要理念和教学实践。课程作业采取学生自主选题，小组合作的形式完成，充分发挥学生的主动性，同时锻炼学生的创新能力。此外，鼓励学生参加计算机设计类竞赛和大学生创新创业项目，作为课堂的延伸和扩展，增加学生的实践经验。在竞赛和项目中取得的成绩，也会进一步促使学生明确学习方向，激励其成长。

实践证明，计算机设计可以作为计算机基础教学改革的一个着力点，为计算机基础教学改革探明方向。课程开设 2 年以来，参与课程学习的学生先后获得省级计算机设计竞赛奖项 5 项，国家级计算机设计竞赛奖项 3 项，省级大学生创新创业项目一项，学生的计算机设计能力得到了显著的提高。目前课程的建设还处于不断探索和改进的过程中，在未来的教学中考虑线上的慕课资源与线下的课堂教学相结合的方式，采用 SPOC 的方式整合资源，为学生提供更多的交互性，带给学生更好的学习体验。

第二节　高职计算机软件专业 PHP 课程体系设计

"程序设计语言"在高职教育计算机软件专业的课程设置中往往占有较大比重，是该专业的主干课程，也是学生毕业后就业从事的职业所必需的职业技能。计算机软件技术发展非常迅速，当前学校所讲授的计算机语言种类可能在学生毕业后就不具有很强的竞争优势。本节通过对计算机软件行业发展的三个阶段，以及高职院校计算机软件专业学生为适应现阶段和将来阶段的发展而应具备的技能进行分析，提出以 PHP 作为 Web 应用程序设计语言，并建立起以实训为导向的课程体系的建议，以增强学生毕业后的竞争优势。

一、计算机软件行业发展的三个阶段

（一）PC 机时代

从 20 世纪 70 年代末到 80 年代末，其所主要面向的是以个人用户运行于自己的计算机上。企业以 IBM、微软、英特尔、戴尔等为代表。PC 机上运行的程序现在被称为桌面程序，桌面程序位于和运行于用户的计算机中。设计桌面程序的程序设计语言一般有 C、C++、Foxpro、Visual Bacic、Power Builder 和 Delphi 等。

（二）Web 时代

从 20 世纪 90 年代初到 21 世纪初，其所主要面向于以网站形式的信息集成和数据服务。国外以雅虎、AMAZON、EBAY、思科为代表企业；国内以新浪、搜狐、网易等为主要代表。Web 上运行的程序被称为 Web 程序，程序运行于网站的服务器上。Web 程序设计语言主要有 ASP、PHP，JSP、

ASP.NET、JAVA 等。

（三）移动互联网时代

从 21 世纪初到现在，其所主要面向应用于手机和平板电脑等移动设备。企业以谷歌、苹果为主流。操作平台主要是 Android 和 iPhone/iPad，此外还有黑莓、微软的 Microsoft Phone、诺基亚的 Symbian 等。移动设备上运行的程序被称为移动程序，移动程序的设计语言主要有 JAVA、Objective-c、C# 等，此外还有 SL4A（适用于 Android 的脚本语言，比如 Perl、PHP、Python 等）和通过网页前端技术实现移动程序开发（HTML5、CSS、JavaScript）。

二、高职院校计算机软件专业课程体系现状分析

通过对国内若干所高职院校计算机软件专业课程开设的调查分析，发现大多数程序设计类课程还处于 PC 机时代（比如 C 语言、Foxpro、Visual Bacic、Power Builder 等），部分院校开设了 Web 时代的课程（比如 JAVA、ASP、ASP.NET）。C 语言一般可作为程序设计的基础类课程，其中面向过程的设计方法虽然不像现在流行的程序设计语言具有面向对象的特征，但是通过 C 语言的学习，可以让学生了解程序设计的基本思想，并通过实例来培养程序设计的思维方式。Foxpro 课程因简单易学而且是全国计算机等级考试中的科目，故很多高职院校把它作为非计算机专业学生的课程之一。然而对于计算机专业的课程，目前行业里很少再有把 Foxpro 作为开发语言的企业，所以不建议将其作为计算机专业的必修课程。VisualBasic 曾经是主流的 Windows 应用程序开发语言，以事件驱动和 GUI 界面设计为特点，但是其存在程序运行效率不高的缺点。

目前，微软公司推出的 .NET 平台和开发技术，可以作为替代 Visual Basic 的开发工具。Visual Studio 2010 是一种 .NET 开发的集成环境，可以选用 Visual Basic、C++、C# 或者 JAVA 作为其开发语言。并且 Visual

Studio 2010 不仅可以开发桌面程序，还可以开发 Web 程序和移动程序。.NET 的优点是图形化的设计界面，但正是由于其简单易于操作，很多代码系统可以自动生成，反而阻碍了学生理解深层知识的动力和能力上的培养。JAVA 是 SUN 公司的产品，由于其跨平台和面向对象的特征，在企业中受到广泛应用。但是对于高职学生，接受起来有一定难度。同时，作为实际应用，除了掌握语言本身，还需要学习很多框架的应用，导致学习曲线较长。目前高职院校中开设 Web 开发程序设计的一般是 .NET 或者是 JAVA，由于前面提到的两者的优缺点，一个过于图像界面化，一个过于繁杂，所以建议选用折中的 PHP 语言作为 Web 开发语言。PHP 语言既没有 JAVA 那么繁杂难学，又可以让学生跳过代码自动生成而多接触语言本身，在以后应用的效率较高，学习曲线平缓，学习周期不长。我们认为 PHP 课程总学时为 144 学时，分两个学期，每学期 72 学时比较合适。

三、以 PHP 为代表的 Web 开发课程体系设计

（一）以实训为导向的课程体系建立的背景

在当前软件行业竞争激烈的新形势下，软件行业作为科技进步的领头羊，优秀人才是其竞争取胜的根本。企业迫切需要从知识、技巧、态度到领域知识和行为技能等各方面综合素质都符合要求的员工。为了让学生更好地适应企业人才需求，胜任高端 IT 技能岗位，高职院校可开设以实训和就业为导向的课程，通过科学、有效的方式，培养高职学生专业技能和综合素质，继而创造更有竞争力的复合型人才，帮助高职学生快速进入高薪职业，继而开启成功的职业生涯。

（二）实训课程的就业目标

在设置课程体系时，要考虑到学生毕业后可从事的工作，使学生毕业后可在各类专业软件公司和相关 IT 企业担任软件工程师、高级软件工程

师、项目经理等职位，能够承担大型信息系统、电子商务、电子政务、企业 ERP、CRM 等软件开发工作。

（三）实训课程简介

本课程将真实项目带入课堂，由具有实际项目开发经验的教师执教，指导学生在真实软件环境中实践练习，为学生提供最前沿的软件开发技术学习。通过实训课程培训，锻炼学生各项实践技能方面的动手能力，学习行业知识，接触不同领域不同行业的客户需求，让学生具备丰富的项目实践经验和行业应用开发经验。除 IT 专业技能外，通过项目实战，结合综合职业素养的培训，更好的培养学生相互间沟通能力和团队合作的能力。

（四）课程体系的设计

一方面是为了让每名学生通过参加培训掌握一项技能，另一方面需要通过课程体系的设计引导学生完善自身的知识结构，具备一定的技术敏感性和洞察力，能够根据 IT 技术的发展及时合理地调整自己的知识结构。通过课程培训，希望传授给学生"捕鱼的技能"，即让学生掌握持续学习的方法，具备根据岗位要求进行自我培养的能力。总体上，PHP 培训课程分为四个部分：网络编程基础部分，PHP 语言基础和高级应用部分，软件工程及项目实训部分，职业素养培训。前三个部分我们称之为"硬能力"，最后一部分我们称之为"软能力"。只有"硬能力"，难免会因为 IT 技术的快速更迭而不断面临知识更新的压力，如果掌握了"软能力"，那么学生可以在职业生涯中不断自我完善、自我发展，因此我们把所设计的教学培训课程模式称之为"软硬结合"模式。

高职计算机软件专业的课程体系建设，一方面需要调查研究最新企业应用，另一方面也需要考虑到高职学生的知识基础和接受能力，要选择既能适应就业又能让多数学生便于掌握的课程。在确立课程体系之后，随着 IT 技术的快速发展，每隔几年就要重新进行这个课程体系的调整，这就要求教师紧跟技术的发展，同时自身多进行实际项目的开发以积累经验，更好地进行教学。

第三节　计算机专业软件工程课程设计的改革与实践

独立学院创办至今，已经成为我国高等教育的重要组成部分，每年招生规模占本科招生的三分之一。然而，独立学院计算机专业的毕业生却面临着尴尬的局面：一方面是被列为十年国家需求量最大的 12 类人才之一，另一方面计算机专业近年来却被列为失业或离职专业前五名。究其原因，就是独立学院计算机专业学生所学知识与实践有较大的脱节，不能满足 IT 企业对人才的专业技术和综合素质的要求。在今年的"两会"上，高等教育的改革成为一个重要的议题，独立学院计算机专业的教学改革已经刻不容缓了。

一、软件工程课程设计的教学目的

软件工程课程设计，是为计算机专业软件工程课程配套设置的，是软件工程课程的后继教学环节，是一个重要的、不可或缺的实践环节。教学目的是使学生能够针对具体软件工程项目，全面掌握软件工程管理、软件需求分析、软件初步设计、软件详细设计、软件测试等阶段的方法和技术。通过该课程的设计，我们力求使学生较好地理解和掌握软件开发模型、软件生命周期、软件过程等理论在软件项目开发过程中的意义和作用，培养学生按照软件工程的原理、方法、技术、标准和规范进行软件开发的能力，培养学生的合作意识和团队协作精神，培养学生对技术文档的编写能力，从而提高软件工程的综合能力，以及对软件项目的独立管理能力。

二、教学模式的改革

当今软件开发技术发展迅猛，新技术不断涌现，一些开发技术已经被逐步淘汰。因而，在进行课程设计时，我们也应该与时俱进，让学生通过该门实践课程，了解到当今主流的开发技术，熟悉相关的开发平台。在以往的教学过程中，我们都是基于 C/S（客户 - 服务器）模式开发信息管理系统，随着因特网技术的发展，出现了 B/S（浏览器 / 服务器）模式。在 B/S 结构下，客户端不需要安装其他软件，通过浏览器就能访问系统提供的全部功能，并且维护和升级的方式简单、成本低，已经成为当今应用软件所广泛使用的体系结构。所以，我们在后续的教学过程中选择了基于 B/S 结构开发 WEB 应用程序。

开发 WEB 应用的两个主流平台是 J2EE 平台和 .NET 平台。J2EE 平台使用 Java 语言，.NET 平台使用 C# 语言，这两门语言都是面向对象的，我们安排在第六学期以选修课的形式集中学习这两门语言。在课程设计过程中，我们提出基于多平台进行 WEB 应用系统开发的新模式，通过对比学习法，熟悉两大主流企业级应用平台。

虽然系统规模较小，但麻雀虽小，五脏俱全。在开发过程中，我们要求学生采用以上多平台进行开发，采用 MVC 设计模式和多层架构来实现，锻炼学生的设计能力。此外，采用团队开发的形式锻炼学生团队协作的能力。

三、教学改革的措施

（一）专业知识的综合应用

学生已经学习了 C 语言程序设计、面向对象程序设计、数据库原理与技术、数据结构、Java 语言程序设计、C# 程序设计、WEB 数据库开发、软件工程等先修课程，我们提出的多平台 WEB 应用开发新模式，就是将这些专业知识进行综合应用，使学生在系统设计开发过程中将这些课程融会贯通。

（二）MVC 模式的应用

MVC（Model-View-Controller，模型 - 视图 - 控制器）是国外用得比较多的一种设计模式。MVC 包括三类对象。模型（Model）是应用程序的主体部分，模型表示业务数据或者业务逻辑。视图（View）是应用程序中用户界面相关的部分，是用户看到并与之交互的界面。控制器（controller）的工作就是根据用户的输入，控制用户界面数据显示和更新 model 对象状态。MVC 式的出现不仅实现了功能模块和显示模块的分离，还提高了应用系统的可维护性、可扩展性、可移植性和组件的可复用性。

（三）多层架构的设计

传统的两层架构即用户界面和后台程序，这种模式的缺点是程序代码的维护很困难，程序执行效率较低。为解决这些问题，可以在两层中间加入一个附加的逻辑层，甚至根据需要添加多层，形成 N 层架构。三层架构就是将整个业务应用划分为：表现层（UI）、业务逻辑层（BLL）、数据访问层（DAL）。表现层是展现给用户的界面；业务逻辑层是针对具体问题的操作；数据访问层所做事务直接操作数据库，如针对数据的增加、删除、修改、更新、查找等。目前在企业级软件开发中，采用的都是多层架构的设计。这样，学生就可以为以后的实际工作打下扎实的基础。

四、实施的要求

软件工程课程设计要求学生采用"项目小组"的形式，每个班级安排一名指导老师。指导老师指导学生的选题，解答学生在实践过程中遇到的一系列相关问题，督促学生按计划完成各项工作。每个项目小组选出项目负责人或项目经理，由项目经理召集项目组成员讨论、选定开发项目，项目的选定必须考虑"范围、期限、成本、人员、设备"等条件。项目经理负责完成"可行性研究报告"、制定"项目开发计划"、管理项目，并根据项目进展情况对项目开发计划进行调整。每个项目小组还必须按照给定的文档规范标准撰写课程设计报告。最后的考核成绩由指导老师根据项目小组基本任务的完成情况、答辩情况、报告撰写等情况综合评定。

很多实用技术，很多理论都在实践中得到了应用，学生初步掌握了软件开发的相关流程、设计模式、主流平台、团队合作工作模式等，提高了分析问题和解决实际问题的能力，为毕业为以后的工作打下了坚实的基础。

第四节 环境艺术设计专业计算机软件应用课程教学

当下，计算机软件凭借高效、快捷、方便实时沟通、快捷存储输出等优点，迅速参与到艺术设计创作之中，改变着设计的方式和效率。计算机软件的不断推陈出新，极大地丰富了艺术设计的构成元素，可以充分发挥艺术家的想象，提高设计作品的艺术感染力，也带给我们全新的创作手法和全新的表现语言。因而，计算机软件应用课程在现代高等艺术教育中的地位也越来越重要。

一、环境艺术设计专业相关的计算机软件应用课程教学要求

环境艺术设计专业需要学习的计算机软件应用课程主要包括：3ds Max，AutoCAD，PhotoShop，Coreldraw等。与视觉传达设计和动画专业相比，其教学目标和教学内容也存在很大的区别。3ds Max课程主要培养学生对三维室内外空间创意设计的能力，通过场景建模、贴图、灯光、渲染器的参数设置，营造出真实的室内外空间效果图表现。AutoCAD侧重于室内外施工图的绘制。

PhotoShop作为专业的图像处理软件，一直是建筑表现的主力工具之一。

无论是在建筑平面图、立面图制作，还是透视效果图的后期处理，都可以看到 PhotoShop 的身影。因其强大的图像处理功能，现已成为建筑表现专业人士的首选软件。Coreldraw 可以用来制作一些彩色平面图，立面图，方案分析图等等。

二、计算机软件应用课程教学现状分析

（一）课程开设时间

软件课程一般开设在专业课之前，方便学生设计方案的表现。首先计算机软件应用技能要结合专业理论知识进行创作，如果学生没有理论知识就直接运用软件，做出来的作品也相对缺乏专业性。其次软件的学习需要不断巩固和练习，如果与专业课程的学习时间相距较远，重新拾起又需要一个过渡的过程。

（二）教学内容

大多数艺术院校的课程教学内容更多取决于任课教师。因为每一位老师讲解内容的侧重点不同，导致同一专业不同班级的授课内容各不相同。由此现状，我们不得不强调要重视计算机软件应用课程的专业性。比如 3ds Max 课程教学，很多都集中在一些居室空间设计方案的表现，而对于大型的公共空间或者户外景观场景的渲染讲解还存在些许不足。这样往往导致学生对于小空间可以应用，对于其他公共空间类型的渲染比较陌生。

（三）软件之间融合不足

计算机绘图软件之间存在着密切的联系，一个方案的表现可能要用几个软件相结合才能达到预想的效果。3ds Max 渲染出的效果图可以结合 PhotoShop 软件进行图像后期处理，所以学生在学习软件的过程中，要能够做到得心应手，融会贯通，不要因为某一个软件操作技能的缺失，而导致

不能顺利完成作品的创作。

三、计算机软件应用课程教学策略

针对环境艺术设计专业的特点，结合本人计算机软件应用课程教学实践，主要从以下几个方面提出一些建议：

（一）课程设计科学合理

首先，在课堂教学之初、学生对软件还不了解的情况下，最好不要课程的一开始就介绍窗口界面基本操作，可以先对软件作一下简要的介绍，以及软件学习的重要性，吸引学生的注意力，提高学生的学习兴趣，为课程的开展铺设一个良好的开端。

其次，上课过程中教师要充分备课，针对教学大纲合理制定教学计划，担任同一门课程的教师可以互相借鉴，探讨教学方法和教学内容，取长补短以提高教学质量。

最后，由于计算机软件更新较快，很多命令和使用技巧都在不断改进，教师需要随时关注最新实战技术，争取在软件学习上给予学生充分地指导。

（二）教学内容有针对性和实用性

计算机软件作为创作工具应与专业设计课程紧密结合。该专业设计课程主要包括室内设计和室外景观规划设计等。CAD 是应用较多的软件，主要绘制施工图，所以教学内容除了强调室内设计的规范要求，也应该包括景观设计的制图与识图内容，这样也会让整个课程的内容更有实用性和针对性。

同时，作为艺术院校的教师也应该时刻关注最新设计趋势，以及一些新出的软件使用技巧。像景观设计方案效果图的表现，可以推荐学生学习Sketch Up 软件，很多人将它比喻为电子设计中的"铅笔"。方便的推拉功能，可以将一个图形快速生成 3D 几何体，无须进行复杂的三维建模。另外一个 Lumion 软件，是一个实时的 3D 可视化工具，可以制作电影和静帧作品，是当前应用非常广泛的动画制作软件。

（三）改进教学方法，调动学生学习热情

软件的学习大多是教师演示，学生模仿。这一过程学生的参与较少，很多操作都是按照老师的步骤重复完成，而没有深入思考为什么这么做。因此，教师在教学过程中可采取"参与式"和"互动式"教学方法。在演示完一种方法之后，给出相似命题让学生尝试用其他方法完成，激发学生灵感的同时又活跃课堂气氛。

（四）建立合理的考评机制，促进学生创造力的发展

教学考核评价，是考查学生对课程掌握程度和调动学生学习积极性的重要手段。在现阶段的教学考核上，很多都是由任课教师根据自己的教学情况来制定，考核方法相对随意，标准也没有统一化。倘若用传统的测评方法考核学生的软件应用，不能充分发挥学生的想象力和创造力，更谈不上创作好的作品。评定学生成绩时要注意结合学生在平时学习过程中的表现，切不可以分数来说明问题。学生的个体存在差异，理解问题、思考问题的方式方法不一样，并且仅凭一次考试来评价学生的水平也不够全面。所以，教师可采用几个部分按百分比相加的形式，譬如：课堂表现＋平时了作业＋上机操作＋创新活动。重点加强课堂表现和点评平时作业的部分，课堂表现反映学生对知识理解掌握情况，教师对于学生每次的表现做好随堂记录，鼓励学生不断进步，点评作业可以为学生提供一个展示的平台，同学之间可以相互观摩学习共同进步。或者在课程结束的时候以展览的形式验收学生作品，增强学生的成就感。

提高课堂教学质量，培养适应社会发展需要的专业人才，是高校教学工作的重要任务。当前，关于计算机软件应用课程的教学方法、内容、教学手段、考核方式还有待我们进一步探讨。作为艺术设计专业的教师，不仅要紧跟计算机软件发展的速度，努力提升个人专业能力，同时还需结合

艺术类专业学生的特点，以培养学生创新思维能力、实践动手能力为主要目的，通过不断更新教学内容、改进教学方法，激发学生学习兴趣，从而取得较好的教学效果。

第五节　敏捷软件开发模式在计算机语言课程设计中的应用

计算机语言课程设计，是各大工科院校自动化及相关专业的必修实践环节，一般安排在计算机语言类课程之后开设。学生通过 2 ~ 3 周的编程集训，要完成一个小规模的软件设计，体验软件的开发周期，从而获得软件开发综合能力的提高，为后续专业课程的学习奠定编程基础。

近年来，企业对本科毕业生的要求越来越高。毕业生不仅要有扎实的专业功底，而且要具备较强的计算机应用、软件开发、创新和团队合作等综合能力。同时，团队合作能力越来越受到企业的重视。因此，高校应根据现代企业和社会的需求进行人才的全面培养。作为计算机语言课程设计的带队教师，应在教学过程中不断探索新的教学方法，寻求新的编程训练模式。

一、敏捷软件开发模式

（一）敏捷软件开发模式

敏捷软件开发模式是从 2001 年 2 月开始兴起的软件开发模式，属于轻载软件模式。因为它的开发效率高于重载软件开发模式，因此已成为全球流行的软件开发模式。2010 年 12 月 10 日，中国敏捷软件开发联盟正式成立。从此，国内的软件界也加入到敏捷软件开发模式的行列。

敏捷开发模式有一个突出的优点——非常重视团队合作。该开发模式有很多子方法：如极限编程（Extreme Programmin）、特性驱动开发（Feature

Driven Developmen）、水晶方（Crystal Methodologie）、Scrum 方法、动态系统开发（Dynamic Systems Development Methodolog）等，每个子方法中都内含了团队编程。和传统的软件开发方法不同，敏捷软件开发的团队成员在每天开始工作前，都要进行一次集体的面对面的讨论与交流。所以，为了保证整个开发过程的顺利进行，团队的每个成员必须要学会主动与他人交流。

（二）敏捷软件开发子模式的选择

在所有敏捷开发的子模式中，开发团队一般为 5 ~ 6 人。倘若在计算机语言课程设计中规定 5 ~ 6 名学生组建一个编程团队，那么肯定有些学生会变得不主动。

（三）选题与构思

在计算机语言课程设计的实践过程中采用结对编程这种敏捷方法，相对于以往的训练方式是一种新的教学方法。这种结对方式既可以提高程序的开发效率、缩短代码的开发周期，又有利于建立起良好的团队合作和学习氛围，这也符合现在的以 CDIO（Conceive Design Implement Operat）理念培养工程技术人员的要求。

二、敏捷软件模式在计算机语言课程设计的实践应用

（一）组建团队

在课程设计开始之前，首先要进行团队组建，即结对。敏捷宣言的原则中提到："最好的架构、需求和设计出于自组织团队"。① 故组建团队时，教师不要强行指定，而是让学生本着自愿结对的原则，这样形成的小团队才是最有潜力的团队。在接下来的两周时间内，结对的学生将在整个课程

---

① 史济民,顾春华,郑红编著.软件工程 原理、方法与应用[M].北京:高等教育出版社,2009.

设计过程共同完成软件的前期调研、设计开发、调试和成果答辩汇报等。学生将在所选项目的开发过程中，通过亲身体验团队合作并学会如何发现问题、共同分析问题和解决问题，同时提高自身的项目分析能力、创新思维能力和合作交流能力。

这种说法是不被东道国（加拿大）文化所接受的。于是，译员在口译时做了改述："由于多种原因我们对美国有负面的看法，总的来说是个政治问题。我们对于美国的印象就是对于那些引起拉丁美洲问题的那些人的印象。而且我们也不想住在美国⋯⋯"[①]

结对以后，小组成员要通过初步讨论进行选题和方案构思。如果对题目库中的题目不太感兴趣，允许学生根据自己的兴趣自拟题目。待题目确定后，继续进行查阅资料、调研，并设计出初步的方案。如果两个人对设计方案意见不一致，需要进一步进行沟通交流。必要时请老师参与讨论，最终的设计方案必须是通过结对的两人讨论一致赞同的方案。在整个选题构思过程中，学生都要处于主动地位。

（二）具体实践

这一阶段，结对的学生要根据第二步的设计方案开始编程。按照经典的结对编程流程，两个学生须在同一台计算机前一起编程。因为在本课程设计开设之前学生从没有经过系统的软件开发训练，所以在课程设计的过程中，不能照搬经典的结对编程流程。我们为每个结对组配备两台计算机，结对的双方要合理地利用两台计算机：一台用来显示资料和代码实例。另一台主要用来结对编程实现。这样整个代码的开发仍在一台计算机上完成，负责输入代码的学生要保证代码输入的快速性，负责校验代码的学生要保证代码的正确性。编程中如果遇到了不懂的地方，可以利用另外一台计算机随时进行资料查阅和代码实例的比照。在整个编程实现的过程中，结对编程的两个人要相互信任、互相督促，共同学习编程的技能。这

---

① 陈为忠.法庭口译员的文化调解者角色研究 [J]. 宿州学院学报,2012(12)：79-82.

样编程能力弱的学生也能在结对过程中学到编程的方法，共同完成团队的任务。

在整个实践阶段，为了掌握学生编程的进度，带队教师将以客户的身份全程参与到每个结对小组的实训中。建议每个小组在开始一天的工作前，必须开会决定当天的任务，并做成计划文档；每天的工作完成后，需将当天的编程结果给带队教师看。教师会根据每天的进展，对每个结对小组当天的结果提出反馈的意见和改进的要求。

（三）检查与提交

具体实践完成后，结对小组邀请教师来检查已完成的软件。通常情况下，带队教师先检查代码的正确性，保证程序能顺利运行；然后从使用者的角度来检查软件是否符合设计要求。如果发现问题，则再次讨论修改，直到通过教师的认可方可提交代码。

（四）考核

作为一门实践课，成绩考核是非常重要的，不能光靠最后提交的程序评定成绩，这样就会造成成绩的不公平。采用了敏捷软件的结对开发模式后，由于带队教师全程参与了各个小团队的开发过程，掌握了每个团队成员的平时表现，设计成绩由程序运行情况（40%）、答辩情况（10%）、平时表现（30%）和报告文档（20%）四部分组成。

面对用人单位对人才的高要求，高校对程序设计之类的实训课应不断探索新的教学方法。将敏捷软件开发模式应用到计算机语言课程设计的教学中的方法，已在我校自动化 12 级、13 级的学生中进行了两年的实践。从两年的教学效果来看，在新的教学模式要求下，学生学会了相互间的交流、合作，学会和别人一起分享成功。从小团队的组建到课题的选择、从方案的设计再到实现均通过结对的两人合作完成，给学生提供了很大的自主空间。相较于以前的教学模式，学生在课程实践中获得计算编程能力的极速提升，软技能也得到了培养，极大地提高了学生的积极性和创新性。后续专业课的任课教师也反馈：学生经过本教学模式的编程训练，在专业课需要编程的实验环节表现出了很强的程序开发能力和组织能力。

第六节 计算机软件在化工工艺专业课程设计中的应用

随着化工行业的不断发展，化工学科的内涵也在不断丰富，行业对具有良好工程意识和较强工程能力的工程技术人才的需求量也日益增大。高等学校工科专业为适应社会发展的需要，其主要目标是培养高素质的工程技术人才。所以，新时期高等学校化工专业的重点和关键除了培养学生的综合能力外，需要进一步加强学生工程意识和工程能力的培养。作为国家特色建设专业和国家级综合改革示范专业，郑州大学化学工程与工艺专业对于如何提高学生的工程实践能力，对设计类课程群进行了大量的改革和创新，也取得了较好的效果。随着世界计算机技术的飞速发展，化工设计过程中引入计算机工具已成为势在必行。为此，鉴于专业设计课程学时有限，要在规定的时间内完成高质量的设计作品，引入计算机技术显得尤为重要。面对这一发展形势，专门开设了设计理论课程，重点增加了学生对于计算机软件应用的相关内容，包括 AtuoCAD、PRO/Ⅱ、Aspen Plus 以及 Math CAD 等软件。在熟练掌握相关软件的基础上，进行化工工艺专业设计时，灵活运用软件大大地减少了繁杂的手工计算工作量，学生对专业课程设计的兴趣也得到了提高，教学效果得到了明显的改善。本节将对不同计算机软件在化工工艺专业课程设计中的应用进行简要介绍，并对应用后的教学效果进行总结。

一、AutoCAD 的应用

AtuoCAD 是由美国 Autodesk 公司研制开发的一种计算机辅助绘图设计软件。目前，AtuoCAD 由原来的二维绘图发展到三维绘图，版本也在不断地更新和升级（AutocCAD2016），并且可以和其他的计算机软件合并使用，设计得到的动画更为真实。AtuoCAD 是世界上应用最为广泛的 CAD 软件之一，它在化工设计绘图中有着极其重大的作用。在进行化工工艺专业课程设计时，需要对所设计的单元操作或工艺车间进行制图，学生利用 AtuoCAD 对设计涉及的化工设备、化工工艺流程、设备及厂房布置以及化工管道布置等进行快速绘制。

二、Aspen Plus 的应用

美国麻省理工学院在 20 世纪 70 年代开发了大型化工模拟软件 Aspen Plus，该软件具备单元操作模型强大、设计能力优秀、物性数据库和热力学方法齐全等诸多优势，已被广泛地应用到化工过程的工艺设计、项目研发、技术改造、工艺优化、过程集成、设备设计等方面。Aspen Plus 在学生进行课程设计时起到了非常重要的作用。例如，在进行精馏塔的设计时，计算不同回流比下精馏塔数据求解最优回流比。由于很多物系的相平衡数据缺乏，直接计算难度很大。学生通过利用 Aspen Plus 的捷算方法有效地解决了这一难题。首先，以 Columns 组的 DSTWU 模块建立需要设计的精馏过程流程图，然后依次输入组成、塔板数等控制参数，输入完成后可以进行运算得到设定塔板数下的回流比、再沸器和冷凝器的热负荷，还能得到在相同分离要求下不同塔板数和回流比数据组，依据该数据组即可获得最优回流比。

三、PRO/ II 的应用

Pro/ II 是由美国 SIMSCI 科学模拟公司在结合 Process 和 Aspen 软件技术的基础上开发的专业化工流程模拟软件。Pro/ II 的物性数据库十分完善，热力学物性计算系统强大，单元操作模块多达 40 多种，应用范围广阔。将其应用于化工工艺专业的课程设计中，不仅能大大减少设计的计算量，还能提高计算的准确性。同样，在进行精馏塔设计时，学生可以通过运用 Pro/Ⅱ进行精馏设计的工艺计算。具体的计算分为两步：①以捷算法（Shortcut）进行塔板数或回流比，采用 Fenske 方程计算出全回流条件下的最小理论板数，以 Underwood 获得最小回流比，根据具体情况由 Gillian 的经验关联图求解实际的回流比或理论板数。②利用 Distillation 模型对再沸器和冷凝器的负荷进行准确计算，并对精馏塔进行逐步计算，得到各物流组成及流量数据。

四、Math CAD 的应用

Math CAD 是美国 Math soft 公司于 1986 年推出的一款具有强大数学运算、绘图、编程的数学系统软件。Math CAD 操作简单，易懂好学，用它进行计算时一般不需要编程，能够解决很多科学计算和工程计算问题，简化计算过程，提高计算效率，应用十分广泛。在进行化工工艺课程设计时，经常需要用到试差法，计算过程十分复杂，需要耗费大量的时间。运用Math CAD 进行计算，很好地解决了以上问题。比如，在进行合成氨工艺过程氨合成工段工艺设计时，进行冷交换热量衡算时若手工计算需要试差，学生利用 Math CAD 将温度条件、冷量计算函数进行定义，直接就能得到计算结果。

综上所述，郑州大学化工与能源学院化工工艺专业在进行课程设计过程中，将计算机技术与工程问题紧密结合，学生利用 AtuoCAD、PRO/II、Aspen Plus 以及 Math CAD 等软件解决了课程设计过程中存在的计算复杂、工作量大等问题，提高了课程设计过程中的计算效率，课程设计的质量也得到了的提高。在进行课程设计的同时，学生熟练掌握了多种工程软件，进行化工课程设计的积极性明显提高，工程实践能力得到了很好的培养，综合创新能力也得到了锻炼。这为郑州大学化学工程与工艺专业培养"卓越工程师"提高学生的就业竞争力打下了扎实的基础。

第七节　计算机软件在建筑设计课程教改中的融合运用

计算机软件绘图的教学目的，主要是为建筑学专业的核心课程"建筑设计课程"服务。在建筑设计课程中，建筑学专业学生的建筑设计完成之后，其成果需要用图纸呈现出来。建筑设计图纸表现分为手绘图纸和计算机绘图，在建筑设计之初，手绘图纸占据重要地位，但由于建筑工程施工的精确性的要求，建筑设计的最终表现形式均以计算机绘图的形式呈现出来，进而形成最终的建筑施工图阶段。所以，计算机软件绘图在建筑设计课程中就显得尤为重要。建筑学学生在校学习期间，不仅要学好建筑设计理论知识，更应当学好计算机软件。和建筑设计课程相关的计算机软件有AutoCAD，Sketch Up，Photo shop 等。现以 AutoCAD，Sketch Up，Photo shop 为例，着重介绍计算机软件在建筑设计课程教改中的综合运用，以及在计算机软件学习中，怎么样更好地学习软件并做到学以致用，把不同的计算机软件知识综合运用到建筑设计课程之中，这对今后建筑设计类课程教学的改革发展至关重要。

一、计算机软件绘图常用软件及在建筑设计中的作用

随着建筑学行业的发展，传统的建筑手绘成果已经无法满足市场需求，因而计算机软件绘图大肆兴起，并被社会广泛接纳和采用。常用的建筑设计计算机绘图软件主要有 AutoCAD，Sketch Up，Photo shop 等。它们在建筑设计中各有作用，并有其各自的显著特点。建筑设计成果主要包括：建筑设计说明、建筑平面图、建筑立面图、建筑剖面图、建筑大样图、建筑经济指标、建筑透视图、分析图等。那么建筑设计成果，即最终图纸的表达就需用到计算机软件绘图。建筑设计成果这几个方面的内容均主要由AutoCAD，Sketch Up，Photo shop 这几个软件共同完成。

（一）"AutoCAD"软件及作用

"AutoCAD"全称 Auto desk Computer Aided Design，是 Auto desk（欧特克）公司首次于 1982 年开发的自动计算机辅助设计软件，主要用于二维平面图纸的绘制及基本的三维图纸的表现，涉及工程制图，电子工业，装饰装潢，土木建筑，工业制图，服装加工等诸多领域。而应用于建筑设计并被广泛接纳是在 2000 年左右。在建筑设计方案完成之后，方案的平面、立面、剖面、建筑大样图等二维平面图形，均需用 AutoCAD 软件来绘制。此外，建筑设计中的建筑说明、建筑门窗表等表格文件也通过 AutoCAD 软件来统一完成。AutoCAD 软件在建筑设计成果最终图纸表达中起到至关重要的作用，几乎完成了其 60% ~ 70% 的图纸量。

（二）"Sketch Up"软件及作用

"Sketch Up"是由 Last Software 公司推出的一款三维图形绘制的软件。在建筑设计成果中，建筑透视图是整个建筑设计的重点展示部分，给甲方所展示的最直观的部分。故"Sketch Up"建筑三维透视图的绘制至关重要。在建筑设计前期方案设计阶段，"Sketch Up"更是可以作为方案推敲的重要手段。有些人脑无法构思的三维可用"Sketch Up"来建模。该软件使用起来简单易操作，能够灵活表达设计者的思维，被当今设计院及设计单位的建筑设计师广泛接纳和使用。"Sketch Up"区别于其他三维软件，它不像 AutoCAD 那样死板，绘制的建筑透视图没有活力和生趣；也不像 3DMAX 那样，操作复杂，占用电脑内存大，电脑容易卡机，"Sketch Up"命令不多，且操作比较简单，功能非常强大，主要可推敲建筑的体量、尺度、空间划分、色彩和材质以及某些细部构造，也可绘制不规则的异形建筑物，是建筑设计一种很好的表现手段，在设计方案创作的初步阶段对建筑设计师起到不可或缺的作用。并且建筑设计透视图若出现问题，用 Sketch Up 来修改也很方便，在建筑设计成果最终图纸的效果图表达中起到重要作用。

（三）"Photo shop"软件及作用

Adobe Photo shop，简称"PS"，是由 Adobe Systems 开发和发行的图像处理软件。功能有很多，主要是关于图形、图像、文字等方面的处理，更多的是进行图像修改。在建筑设计中，PS 主要是对建筑透视图进行修改和处理，以及建筑设计方案的设计排版，让建筑设计说明、建筑平面图、建筑立面图、建筑剖面图、建筑大样图、建筑经济指标、建筑透视图、分析图等内容展现出优秀合理的排版结构。特别用 PS 软件在效果的修图中，可以使得建筑设计师用三维软件画出的效果图起到再创作的效果，让效果图最终呈现出真实感、高级感。

二、计算机绘图软件在建筑设计课程教学改革中的运用

计算机绘图软件在建筑设计课程中运用存在严重不足，不仅是教师的"教"，以及学生的"学"都达不到对一个建筑学专业的学生的培养要求。

（一）"教与学"存在之问题

1. 教师教学脱节

在软件类课程教学中，每位授课教师都尽心尽力，但教学效果还是不理想，并不能做到与建筑设计课程融会贯通，以至于在学生建筑设计课程中建筑方案的计算机图纸表达中达不到理想的表现效果。主要原因是教师教学方法不正确。建筑设计课程是综合了建筑学专业的所有课程。不仅要求学生对知识涉猎广泛，能够综合使用、融会贯通，而且前提就要求，不同课程的授课教师能够深刻理解各自所代课程与其他课程之间的必然联系。譬如各类软件课程与建筑设计课程之间的必然联系。而在传统教学中，各位授课教师均"尽心尽力"，然后各自为战，只顾把自己所代课程的知识一股脑灌输给学生，却从来不从实际需求出发，不兼顾其他课程的进程与需求。例如，AutoCAD课程教学中，教师把建筑制图的"L""PL""CO""MI""RO""B"

等软件命令都教给学生，学生也确实会单独使用这些命令，而在建筑设计课程最终的图纸成果表现时，用 AutoCAD 绘制建筑设计平面图，学生却不会综合使用 AutoCAD 课程教学中所学习的软件命令。

2. 学生学习严重不足

关于"AutoCAD""Sketch Up""Photo shop"这几个软件的学习，学生学习较为盲目。这几个软件都有正常的教学工作，但是教师授课时间毕竟有限，课堂上给出学生练习的时间更是少之又少。学生学习最大不足就是只上课学习，一节课下来学习不了几个命令，练习练过一遍之后，就不再复习和使用。这样导致的直接结果是课程上完了，上课所学的命令也忘完了。学生对于软件类学习不够重视，学习软件也没有做很好的规划。除了上课的学习时间严重不足之外，建筑学专业的学生，对于与软件相关的核心课程"建筑设计"联系也缺乏思考。不能够把软件类课程利用课下时间学习的足够好，也不能把软件类课程上的学习的知识真正运用到建筑设计课程之中。通常学生学习软件命令只是为了学习软件，而不是应用至建筑设计的表现。

（二）教学改革新策略（课程之间加强衔接）

1. 教师教学改革

计算机软件的讲授，不仅是软件类课程的独立任务，教师在授课前应与其余密切关联课程的授课教师进行交流。不仅满足自己课程的授课要求，同时与其他课程形成统一体系，共同促进学生专业学习。例如，在 AutoCAD，Sketch Up，Photo shop 等软件课程的授课中，授课教师应明白，软件授课目的是为了表现建筑设计图纸最终的成果。故而，软件类课程各授课教师可与建筑设计课程授课教师定期进行交流，并互相进行经验的总结，更加深入地了解建筑学专业需求。结合建筑设计授课，给学生合理安排与建筑设计相关的软件命令练习，使得学生可以学以致用，把所有软件类课程中所学到的知识真正运用到建筑设计方案图纸的表达之中。真正做到与专业主干课程——建筑设计，融会贯通，继而达到加强学生专业知识的目的。

2. 提升学生自主学习兴趣

计算机绘图软件的学习是一个独立的个体，又是需要与其他课程综合学习的课程。学生不会学以致用，且没有热情更进一步地努力学习的问题如何解决，关键在于学生。首先，可结合学生将来就业需求，给学生引导确立学习目标。在计算机软件授课过程中，结合学生将来就业内容，给学生讲明白软件课程的学习在其将来就业中主要运用至哪些部分。其次，合理安排课下软件练习任务，培养学生良好的学习习惯。课堂实践时间过少，学生无法精细完成课堂知识的练习，软件类授课教师应当合理并有重点地安排好学生课下需完成的软件练习作业，并督促学生按时完成予以检查。再找出建筑设计图纸表达的优秀案例，激发学生学习和练习的热情。软件类授课教师可在课堂上，找和建筑设计相关优秀工程图案例，激发学生去主动学习。最后，在建筑设计课程最终的建筑方案设计成果表达中，积极运用计算机软件来完成，用软件课程中所学到的知识成功表现出自己的建筑设计思想。

AutoCAD，Sketch Up，Photo shop 作为制图的先进手段，已经被广泛运用于建筑设计领域。《建筑设计》课程是建筑学专业的专业课，也是建筑学专业最为核心的课程。在教学过程及成果展现中，涉猎大量设计图的类型，AutoCAD，Sketch Up，Photo shop 这几个软件，从二维、三维，及建筑设计最终成果排版等几个方面，可以很好地辅助建筑设计课程。在建筑设计课程的教学中，把这几个重要的计算机绘图软件融会贯通，并结合优秀的建筑方案设计，最终一定可以完成一个完美的建筑设计。此外，对于提高建筑学专业学生建筑设计课程的图纸质量，保证学生有足够能力独自完成毕业设计，以及毕业后尽早独立承担设计单位的设计任务，均有着显著作用。

第八节　高职计算机软件类课程实践教学环节的设计

　　计算机软件类课程是实践性很强的课程，需要学生在大量的上机实践中去领悟课程内容。但传统计算机软件类课程的实践教学环节，基本都融入在"讲练结合"的课堂模式中。实践教学环节大都是通过一个一个的小程序，去验证老师讲的语法和算法，课上、课下没有有机的衔接。学生甚至老师对课程的目标很茫然，没有"项目"的概念，没有"完整"的成果。尤其是在高职院校，计算机软件类课程几乎走入了发展的瓶颈，学生学得索然无味，老师教得也费力不讨好。

　　要走出高职计算机软件类课程的发展瓶颈，需要从课程定位入手，明确课程的设计理念与思路，重新构建实践教学内容。使用组建"开发小组"的模式，将实践教学环节从课上延伸到课下；使用"双线并行"等教学方法，让学生参与到实践教学的设计中来，激发学生无穷的创造力和自主学习、探究性学习的动力。

一、课程定位

　　课程的开发来源于市场需求，所以，首先要进行社会需求分析、职业分析、岗位分析，明确课程的定位。

　　例如，在开发"J2ME MIDP 程序设计"这门课程时，通过对社会需求的分析了解到，当前中国的手机用户已经突破 6 亿大关，同时手机用户还在飞速增长。作为无线娱乐产业的先行者，手机游戏市场的需求无限膨胀，就业前景十分乐观，学习者众多。因此，这门课程就定位在手机游戏的开发这一层面上，对应岗位是"手机游戏程序设计师"与"J2ME 手机游戏软件开发（高级）工程师"。通过职业与岗位分析，明确培养目标，即以手机游戏设计为目标，培养学生熟练运用 J2ME 技术开发手机游戏和移动设备应用程序的岗位职业能力，培养学生的实际动手能力、自主学习和探究性学习能力，培养学生的自我管理和组织协调能力、与人交往和团队协作能力，培养学生爱岗敬业的精神，使学生养成良好的职业道德。

其次，课程的开发过程应遵循的设计理念是：以工作需求为目标构建内容，以真实项目为载体表现形式，以工作过程为主线组织教学，以实际工作为场景设计方法，以职业资格为依据制定标准，以相关岗位所必须具备的综合能力为立足点，以培养学生的综合职业能力为目标，以工作过程系统化理念为指导，与企业进行深度合作，共同完成课程的设计、开发和教学。

二、实践教学内容构建

实践教学内容的构建，不是从书上找几道例题，或者老师自己编几个小项目就可以的，而是需要首先通过对企业典型工作任务深入分析与剖析，与企业行业专家反复研究讨论，最终得出课程相关工作岗位的工作流程。然后，通过对典型案例和项目实例进行分析与研究，最终由校企合作开发出适合教学的完整的项目案例。最后，再对项目进行提炼、序化、改造，根据岗位所需要的知识、能力、素质要求，以实用、适用和够用为原则，以及行业发展的需要，选取实践教学内容，以达到对学生职业能力全面培养的目标，并为学生可持续发展奠定良好的基础。

在构建"J2ME MIDP 程序设计"课程的实践教学内容时，根据手机游戏开发和程序设计的一般流程，经过与企业、行业专家的充分讨论，对各种类型的手机游戏进行分析研究。校企合作开发出一款容易上手，又惊险刺激的射击类游戏"决战之巅"，然后，以这款游戏为项目原型，按照教学规律进行优化。将项目开发的每个阶段成果，作为一个子项目，包括：设计制作手机游戏的闪屏和菜单、手机游戏的框架（雏形）设计、场景丰富的游戏设计、音效设计、排行榜设计，分别形成 5 个可以独立运行的半成品。最后，在实训周里，实现游戏的整合、提升、综合调试、测试、打包发布，完成一款完整的手机游戏作品。

三、实践教学过程设计

计算机软件类课程的实践教学过程不可能是独立进行的，显然需要有一定的知识点、语法点和算法作为铺垫和倚靠。但是如果把知识点和实践环节独立开来，不但效率不高，而且极易落入"讲练结合"的俗套。故在实践教学过程的设计中，需要把知识与技能进行有机结合，以"先行后知"为原则安排教学顺序。以知识准备、任务准备、任务实现、要点提示、知识提炼、任务延伸、知识拓展、归纳总结这八个环节来设计实践教学过程。

在实践教学的组织上，可以通过组建"开发小组"的模式来进行。实践教学过程以项目为载体，以任务为驱动，除去一些必备的背景知识，教师并不逐一讲解其中的语法和语句，而是让学生先做。在做的过程中，会发现一些问题。这时小组成员之间就可以进行充分地讨论，寻找新的语法点和解决方案，锻炼学生自主学习和探究性学习的能力。然后，小组之间进行相互的交流，各种思想会发生激烈的碰撞，充分挖掘学生的创造潜能，提高学生解决实际问题的综合能力。

在 J2ME MIDP 程序设计课程的实践教学组织上，把每个教学班分成 10 个工作小组，工作组内各成员应分工明确：项目负责人、游戏策划、美工、程序设计。每个小组都拥有自己策划、设计的一个游戏作品，就像爱护自己的孩子一样，每个小组成员都对自己的作品具有强烈的责任感，希望其不断地丰富完善并被认可。在每个学习阶段结束时，各小组都会争相展示自己的阶段成果，陈述设计中的亮点和不足，其他小组可以对其中的亮点提出质疑，对其中的不足给出建议方案。这种设计的欲望和热情自然而然会延伸到课下，很多学生会从书上、网上寻找解决方案，或者更加绚丽的游戏设计效果。都希望自己小组的作品能够与众不同，脱颖而出。

在实践教学过程中，教师需要遵循"个性化——一般化——个性化"的教学策略。例如，在 J2ME MIDP 程序设计课程的实践教学过程中，教师首先以一款校企合作开发的飞行射击类游戏作为项目原型，分析其中"个性化"的游戏情境，如主角、敌机、子弹。然后，在实现过程中，将其"一般化"，即在过程中要让学生领会到，在其他的游戏类型中，可使用同样的方法实现类似的效果，如滚屏的设计、碰撞的判断等。最后，学生利用这些知识和技能将其应用到自己的游戏作品中，每个小组完成自己"个性化"的游戏作品。

四、教学方法设计

不同的教学目标与教学任务需要不同的教学方法去实现。计算机软件类课程的各个实践教学环节既有共性又有个性。因此，"作品体验""双线并行""项目驱动""任务导向"这四种教学方法应贯穿于整个实践教学环节。而在每一个实践教学单元中，再对学生应达到的知识、品性、技能三方面提出具体的要求，每一方面都需要有与该项目标相适应的教学方法，如引擎驱动、角色扮演、头脑风暴、深入探究、任务叠加、引导发现、设问点拨、小组讨论、自主学习、操作演示、鼓励创新、分层辅导、交流展示、归纳总结等等。

（一）作品体验

在进行具体的项目设计之前，先让学生大量地去看、去用一些类似的软件项目。有了具体的、直观的认知之后，才会有自己的设计思路和创作欲望。

例如，开发手机游戏首先得会"玩"游戏，欣赏游戏。通过大量游戏的"浸润"，不断提高自身的游戏素养。在项目过程中，鼓励学生不断下载、收集一些常见的、流行的手机游戏；每周花一定的时间共同欣赏、分析游戏，逐渐让学生从单纯的玩游戏，过渡到从开发的角度去揣摩游戏，开拓思路，并将其应用到自己的游戏作品中去。

（二）双线并行

所谓"双线并行"，就是"老师讲 A，学生做 B"。老师在课上演示一个贯穿项目，学生在课上可以先模仿，然后利用课上和课下的时间完成另外一个同类的、相对综合复杂的贯穿项目，最后收到良好的教学效果。

例如，在 J2ME MIDP 程序设计课程的实践教学过程中，首先以一款飞行射击类游戏"决战之巅"作为项目原型，进行分析、演示。学生可以先照着做，在领会了其中的知识和技能之后，马上分析、策划自己的游戏项目，对项目原型中包含的故事背景、游戏情节和实现技巧加以拓宽并改造。然后，进行美工设计、程序设计、编码调试，最终得到属于自己的、个性化的项目成果，学生会有很大的成就感。

（三）项目驱动

一个项目不可能一次完成，也不能把完整的项目作为教学案例整体呈现。在实际操作中，可以将完整的项目按照各个教学单元和实践环节，划分成若干个子项目，以子项目进行贯穿，引导学生通过项目实践寻找完成任务的途径和方法。最后，在项目综合实训环节中，实现子项目的整合、提升、综合调试、测试和打包发布，得到最终的项目成果。

（四）任务导向

在每个子项目中可以再设置若干个任务，这些任务之间既有并行的、也有递进的，更有延伸的。任务分层，因材施教，在课堂有限的时间内，让学生自主选择合适的台阶，小步快进。学生在完成这些任务的过程中"边做边学"或者"先做后学"，不但提高了学习的效率，而且锻炼了能力。通过在真实的任务中探索学习，可以不断提高学生的成就感，更大地激发他们求知欲望，逐步形成一个感知心智活动的良性循环，从而培养出独立探索、勇于开拓进取的创新能力。

市场对学生的职业能力要求，催生出新型的课程结构。新型的课程结构须遵循基于设计导向的工作过程系统化学习领域的开发理念。

高职计算机软件类课程的实践教学环节，应按照高职学生的认知特点，低起点、高要求，鼓励学生去实践，引导学生去思考，提倡学生在实践过程中自己动脑、动手去获取知识。以职业技能为基础，培养学生的综合职业能力和创新精神。

第九节　基于开源软件的计算机系统安全课程教学与实践

目前，网络空间和网络空间安全已成为社会公众关注的话题，网络空间安全人才培养体系更是人们关注的焦点。网络空间安全人才需具备较强的实践能力，需要强化对人才的网络空间安全实战技能培养和实习实训。建设开放实训平台，提高网络攻防实践能力，搭建基于网络的仿真模拟训练平台，支持实验课程设计，开展全国网络空间安全技能竞赛，以此来激发学生的创新积极性，提高实践攻坚能力。课程教学是网络空间安全人才培养中非常重要的内容，建立一套科学、合理的课程讲授方式，才能实现预定的教学目标。在应用型信息安全本科专业课程教学方面，特别是在专业课的讲授过程中，应注重拓展学生的知识面，培养训练他们的实践能力和综合实训能力。

一、系统安全与开源软件

（一）系统安全在网络空间安全学科中的地位

网络空间安全涉及数学、计算机科学与安全、信息与通信工程等多个学科，已经形成了一个相对独立的教学和研究领域。通过网络空间安全学科的培养，学生能够掌握密码和网络空间安全的基础理论和技术方法，掌据信息系统安全、网络基础设施安全、信息内容安全和信息对抗等相关专门知识，并具有较高的网络空间安全综合专业素质，较强的实践能力和创新能力，能够承担科研院所、企事业单位和行政管理部门对网络空间安全方面的科学研究、技术开发及管理工作。

网络空间安全学科主要研究方向及内容，包括网络空间安全基础理论、物理安全、系统安全、网络安全、数据与信息安全等方面的理论与技术。其中，系统安全保证网络空间中单元计算系统安全、可信。在信息安全知识体系中，信息系统安全主要涉及信息安全体系中的系统安全内容。为了掌握以主机系统为中心的信息系统安全性方面的知识，有必要从信息安全体系结构整体安全需求的角度去了解系统安全的地位和作用。另外，当今的计算机系统基本都与网络关系密切，网络已经成为计算机系统工作的基本环境。以主机系统为中心的系统安全离不开网络安全的保护，应该从网络安全的角度去认识系统安全问题。

（二）开源软件与网络安全

互联网的高速发展引发的网络信息安全问题越来越多。据报道，42%的企业组织将安全列为应解决的首要问题。对于如何利用已有资源来解决网络安全问题，开源网络信息安全软件提供了一个可供选择的途径。开源软件具备投入小、更新功能灵活、开放性和开源化、促进行业良性循环等诸多优势，尤其是在服务器操作系统、数据库、WEB 服务器这 3 项最基础的领域中得到了广泛应用，且都超过同类商业产品。在网络安全防护中，开源软件的应用也越来越多，如 Linux 的 Netfilter/iptables、Snort、服务器漏洞扫描工具 Nmap。此外，开源的企业级公钥加密体系和证书授权中心通过 OpenCA、OpenPKI 和 Open SSL 构建等。

二、基于开源软件的计算机系统安全课程教学实践

要解决信息网络中的安全问题，主机系统安全是其中不可或缺的成分

和基础。计算机系统安全作为信息安全学科的重要分支，极大地影响着社会信息化的发展。计算机系统安全课是信息安全专业的核心专业课程，也可以作为计算机科学与技术专业高年级学生了解计算机主机系统安全的课程。通过对该课程的学习，学生能了解、掌握计算机系统安全知识框架的整体概貌、掌握系统安全的基础知识和关键技术、能熟练地在流行的操作系统和数据库管理系统上进行安全相关的操作、掌握系统安全设计方法和步骤以及开发系统安全技术的基本能力。

计算机系统安全课程理论性强、信息量大且抽象化，为提升教学效果，本课程从课堂教学知识点的讲授、课堂实验对知识点的掌握与编程实现、课程设计等方面，结合开源 Linux 平台，基于开源工具，循序渐进地帮助学生掌握基础知识，有效培养学生的自主学习能力、实际动手能力、分析和解决问题的能力，以及综合应用所学知识进行开发设计的能力。

（一）课堂教学

为尽可能帮助学生理解抽象的知识点，从介绍 Linux 操作系统内核结构开始，层层深入，根据 Linux 操作系统上对应的安全机制讲授核心知识点。

1. 身份认证技术

身份认证以 Linux 的 /etc/passwd、/etc/group 文件为例，讲述用户账户信息数据库中的格式、用户信息文件及用户组信息文件中各字段的含义，进一步根据口令信息的处理方法讲解口令信息的维护与运用、撒盐措施、口令信息管理和身份认证方案，基于 /etc/shadow 文件讲述口令信息与账户信息分离的实现。

网络环境下的身份认证，以 SUN 公司的 NIS 系统为例，讲述客户机和服务器协同完成身份认证的方案，以 NIS+ 为例讲述安全网络身份认证方案，Kerberos 系统是用户身份认证和服务请求认证思想的具体实现。

2. 操作系统基础安全机制

操作系统基础安全机制讨论访问控制机制、加密文件系统以及系统安全审计，其中访问控制是核心。访问控制以 Linux 基于权限位的文件访问为例，介绍使用二进制位三分用户法表达文件访问权限的方案及其访问控制算法。据此，进一步讨论访问控制的进程实施机制。为了解决用户三分法粒度过粗的问题，以 Linux 的 ACL 机制讲述细粒度访问控制的定义与实施。加密文件系统以开源 eCryptfs 为例，介绍加密文件系统的原理和加解密实施机制。Linux 的 Syslog 机制提供了丰富的日志信息处理功能，有助于了解系统审计的基本方法。

3. 操作系统强制安全机制

操作系统强制安全机制从 TE 模型开始，以 TE 模型为例讲述强制访问控制的思想与实施方案。DTE 模型使用高级语言描述访问控制策略，采用隐含方式表示文件安全属性，是 TE 模型的改进。SETE 模型是 DTE 模型在 Linux 上的具体实现，类型更细分，权限更细化。进程工作域的切换以在 SETE 模型控制下的口令修改为例，分析可能涉及的域的情况及其访问权限。SeLinux 基于 LSM 框架，以 FLASK 安全体系结构为基础实现 SETE 模型。

4. 数据库系统安全机制

数据库系统安全机制的核心是授权的回收与发放，通过 GRANT 和 REVOKE 语句实现。基于内容的访问控制通过视图机制实现，进一步可实现 RBAC 和数据库推理控制。数据库强制访问控制以 ORACLE 的 OLS 机制为例，讲授 OLS-BLP 模型，实现原理及安全等级标签。

5. 系统可信检查

系统可信检查侧重系统完整性，以 AEGIS 为例，介绍系统引导过程，深入介绍组件完整性验证的可信引导，进一步介绍带有系统恢复功能的安全引导。MIT-AEGIS 是基于安全 CPU 的完整性验证机制，IBM 的 IMA 是基于 TPM 的完整性度量机制。Tripwire 主要针对文件系统进行完整性检查。

（二）课程实验

作为课堂教学的巩固加强，课程实验进一步加深学生对计算机系统安全核心知识点的掌握，提高动手实践能力。计算机系统安全的课程实验全部在开源 Linux 平台上完成，从介绍 Linux 平台、Linux 内核机制、Linux 服务器开始，学生依据自身基础选择学习 Linux 的起点。每个实验包括验证和编程两部分。其中，验证过程利用 Linux 的开源工具对课堂教学知识点进行巩固来加深理解。

在验证的基础上，编程进一步深化对课堂教学知识点的巩固和应用。编程练习也在 Linux 平台上完成，主要包括身份认证机制中的字符串变换、基于权限位的访问控制模拟实现、加密文件系统模拟、守护进程、DTE 模型模拟、Grub 安全引导以及莫科尔树模型实现等。

（三）课程设计

计算机系统安全课程设计，要求学生综合利用本课程的有关知识，在 Linux 平台上选择相应开发环境，针对操作系统安全的具体问题，完成安全需求分析、安全机制设计、安全机制实施等过程，运用所熟悉的高级语言进行编程、调试，最终实现一个可在特定环境下正常运行、较为完整的系统安全机制。通过该课程设计，学生能够掌握计算机系统安全知识框架的整体概貌，掌握系统安全的基础知识和关键技术，综合运用所学知识设计小型安全系统以及培养团队合作能力。

课程设计具体实施过程如下：首先，学生自主选题，根据选题结果组建团队（每个团队 3～6 人），共同合作完成需求分析、安全机制设计与实施、程序调试以及报告撰写等工作。其次，按照团队进行答辩，团队成员各自讲述个人的工作以及合作部分。这样每个学生都能从总体上把握课程设计的各个环节，也较好地实现了团队合作。

（四）第二课堂创新实践

目前，信息安全知识已渗透到各个相关专业。为了培养学生的创新能力，信息安全专业开展了"第二课堂创新计划"项目，根据教师提出的课题以及学生的兴趣，对入选的项目予以资金支持并安排老师负责指导。力图通过"第二课堂创新计划"项目训练的实施，整合信息安全实验平台的使用与学生工程素质的培养。因为在课堂上培养了扎实的基础，通过课程实验进行了实践训练，课程设计过程中能综合应用所学知识进行设计实施，不少学生主动联系教师，积极参与移动终端安全、工业控制系统安全、软件安全等与系统安全相关的科研项目。

为了宣传信息安全知识，培养大学生的创新意识和团队合作精神，提高大学生的信息安全技术水平和综合设计能力，我们鼓励学生报名参加全国大学生信息安全竞赛、大学生创新创业大赛等赛事，以增进同其他院校的交流，提升专业水平。采用上述教学方法以来，通过 Linux 平台上的开源工具使用以及该平台上的编程实践，以实际操作平台为依托，学生对知识点的掌握非常全面，也能进行动手实践，这对于学生深入理解课堂知识，较好地掌握 Linux 应用、内核架构、网络配置，以及深入学习信息系统安全、综合利用所学知识解决实际问题有非常好的帮助。在该课程学习的基础上，学生积极参与 Linux 认证、Linux 架站等专业培训，成为 Linux 高手。还有一些同学参加了 CISSP、CISP 等信息安全认证培训或等级保护、安全管理等专项培训，成为了信息系统安全的高手。

"课堂教学—课程实验—课程设计—第二课堂创新实践"这样一个多样化、自主性强的教学实践过程，有助于使学生更好地了解整个课程的知识框架，锻炼他们运用本课程的知识和方法解决复杂实际问题的能力，使得学生获得良好的工程训练和设计、合作能力，为其后的研究或设计工作打下牢固的基础。

提升实践能力是网络空间安全人才培养的一个重要方面。针对计算机系统安全课程的教学，将实践能力提升融入课程教学的各个环节，提升学生在网络空间安全领域的研发能力，为培养应用型人才打下良好的基础。后续我们将从教学模式的规划、教材引进、教学方法的更新以及教学评价体系等几个方面入手，进一步探索、实践和完善。

第十节　计算机辅助工业设计课程教学改革探究

随着计算机技术的广泛应用以及对其他行业领域的深度介入，工业设计的手段和内容都发生了重大的改革，带来了全新的方式和理念，产生了一种全新的设计形式计算机辅助工业设计（CAID）。近年来，人们已经清晰地认识到 CAID 在设计领域的应用与推广不在是可有可无的，而是工业设计步入信息化、智能化所采取的必要手段，也是充分发挥工业设计在现代制造业中特殊作用的必要条件。

与传统的工业设计相比，CAID 在设计方法、设计过程、设计质量和设计效率等各方面都发生了质的变化，它涉及计算机辅助设计（CAD）技术、计算机图形图像（CG）、人工智能技术（AI）、虚拟现实技术（VR）、敏捷制造、优化设计、模糊技术、人机工程等许多信息技术领域，是一门综合的交叉性学科。

CAID 以工业设计知识为主体，以计算机和网络等信息技术为辅助工具，实现产品形态、色彩、人性设计和美学原则的量化描述，进而设计出更加实用、经济、美观、宜人和创新的新产品，满足不同层次人们的需求。

正是由于 CAID 在现代工业设计中的重要性越来越突出，目前全国高校中几乎所有的工业设计专业都非常重视学生 CAID 知识和技能的培养，并开设了相应的课程，编写出版了相关的教材，取得了丰富教学成果，一些院校的 CAID 课程还建设成为了省级、国家级的精品课程。

一、目前计算机辅助工业设计课程的现状与不足

介于 CAID 具有前述的特点，现阶段各高等院校在其教学过程中（特别是工业设计的本科教学）涉及的教学内容还是存在比较大的差异化，正式出版的教材内容也各有侧重点，这为该课程的讲授带来了一定的困惑和

迷茫。总结起来，目前的 CAID 课程大致有以下这样一些问题。

（1）CAID 的概念被放得太庞大，以至于在教学中把许多学科领域的内容都纳入其中，导致课程知识面宽而不精、内容庞杂，对解决实际设计问题的能力培养缺乏针对性。比如，有的把并行工程、人工智能、智能制造等内容都放到 CAID 的课程教学里面，使整个课程体系过于庞大、课程内容不能有效地聚焦到工业设计的重点问题，导致涉及知识面过于广泛，学生难以理解，学习兴趣降低等问题，在实际授课时难以操作和实践。

（2）把 CAID 的概念理解得过窄，课程内容仅停留在产品外观形态设计的层面，只教授学生如何构建产品的外形和视觉效果。这样的教学其实只注重培养学生在产品美学方面的计算机设计能力，而忽略了对学生在产品研究、概念创新、结构设计、产品装配等方面的知识和能力的培养与训练，割裂了产品设计的完整流程，使学生难以适应和融入今后实际产品开发的团队协作中。

（3）由于课程中要涉及对多个软件使用的讲解，大部分院校的教师在教学过程中注重对软件各个功能和命令的解释和介绍，缺乏以实际的产品设计问题作为学习导向来培养学生解决实际设计问题的能力。这样的结果是学生在课程结束后都基本掌握了软件基本功能和命令使用，但遇到实际的设计问题仍然感到不知所措。

（4）在教学方式上通常采用"课堂讲授＋上机练习"的形式，虽然能够及时对课堂上讲授的内容进行训练和加深理解，但是缺乏专业和系统的课外知识技能扩展的资源和途径，也没有小组讨论和课程汇报的环节，使学生只能自行去相关软件学习网站的论坛上去交流提问，无法有效提升专业设计能力。

二、课程改革的总体思路和具体内容

基于这样的背景和现状，我们对 CAID 课程内容改革的教学理念是：突破传统设计专业课程中分部讲解的模式，让学生能够从产品开发设计的全过程出发，利用探究性学习、研究性学习模式，调动学生自主学习的积极性。通过课题讲授、网络自主学习、优秀案例分析、实际动手操作以及互动讨论等环节，掌握计算机辅助工业设计技术在产品概念设计、数字化建模、数字化装配、数字化评价、数字化制造以及数字化信息交换等方面的应用知识和技能。

经过分析研究，一个完整的工业设计开发过程包括以下的几个阶段，每个阶段要完成的任务以及相对应可用的计算机辅助软件工具如上图所示。

针对上述的设计流程，我们在其中的主要环节中有针对性地对相关的计算机辅助工具进行深入的介绍，使学生在学习了该课程以后就能够在工业设计的主要环节中利用现代信息手段进行实际的创新设计工作。具体的课程改革内容有以下几个部分：

（一）课程内容的改革

1. 调查研究阶段

此阶段的工作主要是收集资料、访谈、观察、问卷调查等工作，以进行产品的竞品分析、绘制卡片分类表格、功能结构流程等，采用的计算机辅助手段主要集中在数据归档、分析与处理。因此，这个阶段的 CAID 各种主要是运用文字处理、电子表格以及数据库等软件来进行相关工作。

2. 设计分析阶段

此阶段工业设计的主要任务是在前期调查的结果基础上，对产品的功能、结构、使用方式以及形态色彩等方面进行深入分析与研究，提出明确的设计目标和方向。

在这个阶段，常常需要理清各种想法和进行思维发散，以获得今后创新设计的大致方向，也是工业设计中较为重要的一个阶段。目前，业界主要采用思维导图法进行设计思维的整理与分析，以此作为团队和个人开展头脑风暴的有效方法。思维导图的主要作用是使思维清晰化。所以，在确定产品概念前与头脑思考相关的活动都可以尝试采用绘制思维导图的手段来解决。

我们在此阶段，通过学习 Mind Manager 软件，帮助学生掌握开展思维导图的方法和手段，以提高产品设计中利用思维导图来进行头脑风暴的效率和质量。

3. 概念设计阶段

工业设计师此时的任务是在前期头脑风暴得到的各种创新概念的基础上，迅速地将各种设计创意形象化，把各种新鲜的概念和想法变为具体、可行的设计方案。此时要求设计师能够快速、准确地表达设计意图。传统的设计方式常用方法就是手绘草图，即利用铅笔、针管笔、马克笔等工具在纸上迅速绘制出设计师头脑中的产品概念。作为 CAID 课程，我们采用 Autodesk 公司的 Sketch Book Designer 软件来培养学生的数字化手绘能力。该软件是一款矢量与像素混合编辑的绘图软件，充分体现了两种图形图像绘制模式的优点，高效地绘制出高质量的产品概念手绘方案。

4. 详细设计、结构设计及样机制作阶段

当设计概念经过认真的评估以后，就需要将之进行深化，利用合适的三维设计工具对产品进行详细设计。在这个阶段需要特别强调的是：工业设计应该是产品的整体设计，绝不仅仅是产品外观造型的设计，而且应该和后续的工程设计进行很好的数据对接。因此，在设计软件的选择上除了要具备创建复杂外形的能力，还要能够构建产品的内部结构、添加标准件、方便修改尺寸大小、计算各种物理信息等，还要为接下来的运动分析、动力学分析和模具设计等工作提供数据接口，因此目前很多 CAID 课程中讲授的 Rhino、3DMax 等软件显然不能达到上述的要求。

在我们的 CAID 课程中采用了法国达索公司的 Solid Works 软件，作为进行详细设计的主要工具。它具备非常强大的实体造型功能，可以完整描

述实体全部的点、线、面、体的拓扑信息，还能够实现消隐、剖切、有限元分析、数控加工、光照及纹处理，以及外形计算等各种处理和操作。同时，它的曲面设计功能也非常强大，不但具备完整的 NURBS 曲面设计能力，而且能够快速实现实体与曲面的转换。它在参数化设计上的突出能力可使产品的立体模型和设计图随着某些结构尺寸的修改而自动修改。Solid Works 允许在设计阶段就可以把很多后续环节要使用的有关信息放到数据库中，便于实现并行工程设计，使设计绘图、计算分析、工艺性审查到数控加工等后续环节工作顺利完成。在 2016 版以后，达索公司推出了 Solid Works Visualize 可以实现照片级的实时渲染效果。

Solid Works 软件简单易学、界面友好，非常适合设计类专业的学生学习。此外，相比其他同类的软件而言，Solid Works 软件的使用价格较低，经济性比较突出，在国外众多的设计院校中得到了广泛的使用。

（二）课程教学方法和授课形式的改革

除了在上述教学内容进行的改革，我们在教学方法上也进行了积极的改革探索。传统的软件教学基本上是针对软件本身的学习，主要介绍软件各个模块的主要命令和功能。而我们在教学上主要采取了基于项目和问题的教学方式进行，将知识体系打散为一个个简单具体、有较强针对性的知识点，增强学生的学习兴趣和灵活性。比如在设计分析阶段，我们让学生使用学习的头脑风暴软件工具绘制了以"照明工具"为核心的思维导图，使学生学会如何将抽象的创新思维具体化；又如在详细设计的曲面造型模块，我们提出了"如何从曲面转换为实体"的问题，借此介绍了四种不同的方法，增强了学生灵活运用所学知识的能力。

我们将课程内容进行了分享，形成了相应的知识点并制作了数量较多的教学视频，连同教案等资料一同放在课程的教学网站上，方便学生利用自己平时碎片化的时间进行课前预习和课后复习。在课堂上，我们除了讲解重点的知识内容和解答学生在学习中遇到的问题的环节外，还专门安排了小组讨论和汇报的环节，让学生们有机会在老师和全体同学面前讲述自己小组的设计概念和使用的技术方法，培养和提高他们利用计算机软件来提高工业设计的创新能力、团队合作能力以及口头表达的能力。

第六章　计算机教育教学的实践创新研究

第一节　网络资源在高校计算机教学中应用

互联网信息库是网络信息和资源共享的重要财富，具有显著的优势。在高校计算机教学中运用网络资源，可以对教学资源进行补充，提升教学的质量。实践证明，学生运用网络资源创造的学习情境，可以更好的学习和掌握计算机知识和技能，提升学生的学习效率和效果。因而，教师要注重网络资源的运用，基于此，本节分析了网络资源在高校计算机教学中应用。

网络资源技术在高校计算机教学中得到了广泛的运用，可以有效激发学生的学习兴趣和积极性，让学生逐渐形成利用网络资源学习的习惯，这也是计算机教学中的任务之一。在计算机教学中运用网络资料，可以创新教学模式，解决传统教学中的不足，发挥网络资源的积极作用，提升教学的有效性。所以，教师要合理的运用网络资源，促进计算机教学发展。

一、网络资源在计算机教学中运用的优势

首先，网络资源有较快快的更新速度，和其他传播媒体相比都具有显著的优势。计算机信息技术也要进行更新，且要借助于快速更新的网络信息，网络资源的实效性较强，在教学中进行运用，能够展现出不同学科或是科研方面的最新资源和动态变化，检索出需要的最新资源，让学生快速地了解和掌握最新的知识，能够明确学习的具体情况。比如，内容、时间

以及进度。在高校计算机教学中，有选择性的运用网络资源，可以打破传统的教学模式，丰富教学资源。运用网络资源，教师和学生的学习资源可以得到快速的更新，教师可以筛选网络信息，合理的运用到教学中。因为网络资源内容的更新速度很快，教师可以将计算机的运用操作展示给他们，进而提升他们的主动性。

其次，教师能够随时随地通过网络检索需要的信息，对这些资源进行分享，没有束缚，让教学可以变得更放松和自由，教师能够通过不同的方式对学生实施指导教学。例如，远程操作等，运用网络资源制作有关的教学知识或者是专业知识，对学科的最新知识进行整合，进而及时对教学资源进行补充和更新，跟随学科发展。学生在学习中碰到问题，能够通过网络向教师请教，教师在线上就能够完成教学。当前很多高校都构建了自己的网络信息资源库，师生通过多样化的技术，可以不受时空限制获取网络信息资源，对教学素材加以丰富，增加不同个人和不同区域的交流和分享，共同分享有效的教学资源。这对教师教学效果的提升具有积极影响，可以激发学生的学习兴趣，提升他们的学习效率和效果。

最后，网络资源可以多方向的传递信息数据，打破时空限制。网络资源教学能够结合不同学生的学习情况和阶段，有针对性的为其制定学习计划，通过多样化的教学方式和开放式的教学方法，将开拓精神和创新思维进行结合，这满足新的教学模式发展的需要。通过利用网络资源进行教学，学生能够结合自身情况，合理安排学习计划，提升他们的学习效率和效果，加强他们的自学能力，促进教学质量的提升。

二、网络资源在计算机教学中运用的策略

远程教育模式。这就是对局域网络资源进行运用的代表，能够展现出教育体系的多样化发展。该模式就是基于计算机软件，教师和学生可以隔着计算机屏幕对话，把教学资源转化为网络资料，对学生开展教学以及指

导。其优势就是能够有目的性的进行教学，还有对学生的教学存在专一性，当前这一模式已经在学生中得到了广泛运用。远程教育是网络资源，这就可以有效地对教师的教学对象进行补充，但凡有网络对地方，就能够教学，教师的教学也不用受时间和空间的限制，能够具体讲解不同类型的计算机操作，让更多的学生学习这方面的知识。

构建立体的计算机教学网络。通过运用网络资源，教师能够建立健全计算机教学网络，通过网络沟通以及专用性网络资源，能够帮助学生提升学习的目的性。譬如，有的学生在实际操作中有些操作技术并未掌握或是忘记了操作步骤，学生就不用请教教师，直接通过观看网络资料就可以学习操作的步骤。网络资源能够通过目的性、专业性的资源学习，帮助学生巩固学习到的知识，这是教师课堂现实教学实现不了的，教师在教学中面向的是班级中的所有学生，学生网络资源面向的只是学生自身，结合学生的需求提供相应的学习资源。

网络资源与教材相结合。过去，教师在计算机教学中主要的依据是课本，但在信息高速发展的现代，教师需要注重对网络资源进行利用，满足教学发展的需要。当前是信息时代，网络技术的发展，能够解决教材资源滞后、单一、地区教材资源不足等问题。教师在教学中就可以运用该优势，在网络中搜集优质的教学辅助资料，结合教材开展教学，还可以利用互联网向教师分享优秀的教学方案和方法，对教学材料资源库进行补充，让资源实现多样性，优化教学资源，提升教学对效果。例如，在"Java 编程语言"的教学中，教师就可以运用网络教学方法，结合学生和教材实施教学，把资源分享到平台上，让学生课后也能够观察和学习，提升学生的学习效率和效果。

实行个性化管理。教师运用计算机网络进行教学，要结合各层次学生的情况，实施分层教学以及管理。网络教学并非完全不管，让学生自己学习，还需要教师有计划的提供指导，进而提升学生的学习效率。因此，教师运用网络资源教学，需要结合各种类型的学生，有针对性地制定教学策略，制定出相应的学习任务，促进学生的个性化发展，更好的实现教学目标。

开发专业学习软件。高校计算机教学就是要对学生的计算机技能进行培养，养成职业特点，教师在教学中需要把基础与专业进行结合，在基础理论教学的基础上，加强专业教学。可以通过网络资源，开发有关的专业计算机学习软件，给学生的课余自学时间提供平台，提升学生的专业能力，还可以对学生的基础性语言交流进行培养。运用软件教学，教师要合理的监测学生的学习情况，并以此为依据，为学生提供个性化的辅导，在学生自学中，教师适当的讲解很重要。

创设虚拟办公环境，进行综合性实践操作。办公自动化课程就是要让学生能够适应未来办公工作的要求，各项工作的环境以及要求都不一样，在互联网＋模式下，在办公自动化教学的过程中，教师就应该创设虚拟逼真的办公环境，让学生在学校环境下提前感知工作环境，提升他们的能力。比如，模拟秘书为了辅助领导展开重要会议，需要用到的办公自动化知识和技能，还要做好有关的准备工作。又如，快速准确地录入汉字、编辑和排版 word 文档、办公文件分类整理、设计和演示幻灯片、制作，分析电子表格等，熟练的运用常用的办公软件以及设备，帮助领导理清思路，提供需要的文件资料，为领导的活动提供便利。通过设计这项活动，可以全面的对学生运用不同办公软硬件运用情况进行考察，真实的情境可以激发学生的学习兴趣，提升他们的学习热情和效果。

创建作业系统，方便教师监督学生的学习。计算机学科具有较强的操作性，对于学生的操作实践能力提出了较高的要求。因此，只通过笔试考核无法全面的测验和体现出学生的操作实践能力。于是教师需要改变考察的方式，还要加强对学生操作能力的考察，通过利用网络，可以给教师批改操作型作业提供平台。学生登陆作业系统就能够完成教师布置的操作内容，系统能够自动的记录学生的操作步骤，教师能够及时对学生的作业进行批改，及时的反馈批改的结果，提升作业的作用，真正促进学生操作能力的提升。

综上所述，网络资源在高校计算机教学中的运用具有显著的优势，教师应该采取有效的措施，合理的运用网络资源，激发学生的学习兴趣，提升学生的学习效果，通过网络资源的辅助，让学生更好的学习和掌握计算机知识及技能。

第二节　虚拟技术在高校计算机教学中的应用

在"互联网＋"背景下，人们的生活及工作与计算机应用越来越紧密，计算机技术成为当下社会人才所必须具备的一项职业能力。因此，必须要提高高校计算机教学质量，为社会输送更多计算机领域人才。在高校计算机教学中运用虚拟技术满足了多元化的教学要求，降低了教学成本，提高了教学效率。本节主要分析了在高校计算机教学中虚拟技术的应用优势，探讨了虚拟技术的具体应用。

近年来，社会对高科技人才的需求愈发迫切，而高校承担着为国家、社会培养和输送优秀人才的责任，因而加快高校计算机教学改革，积极应用虚拟技术提高计算机教学质量，培养计算机专业领域人才势在必行。虚拟技术是一种被广泛应用的计算机技术，在高校计算机教学改革中应用虚拟技术，模拟构建科学实验平台，为学生提供实践操作机会，降低资金成本投入，推动计算机教学改革。

一、计算机虚拟技术概述

虚拟技术是一种集多媒体技术、传感技术、网络技术、人机接口技术、仿真技术等多种技术为一体的计算机技术，是仿真技术的重要发展方向，是十分具有挑战性的交叉技术。计算机虚拟技术，包括由计算机生成的动态实时的模拟环境，视听触觉等感知，传感设备、自然技能等。虚拟技术是实现用户与计算机之间理想化人机交互界面形式的一种计算机技术，以计算机技术为核心，集合多种技术共同生成逼真的虚拟环境，用户借助传感设备进入虚拟环境，与相应对象进行交互，产生与真实环境相同的体验。

虚拟技术具有诸多特征，如：交互性、沉浸性、多感知性等。交互性，是指用户从虚拟环境中得到反馈信息的自然程度和虚拟环境中被操作对象的可操作性。借助数据手套、头盔显示器等传感专业设备，用户虚拟环境中与操作对象进行交互，计算机可以根据人的自然技能实时调整系统图像、声音，以此让用户获得一种近乎在现实环境中的真实感受体验。而沉浸性，则是指计算机虚拟技术模仿的现实事物过于逼真，从而让用户产生面对真实事物、处于真实场景中的感受，变成直接参与者，用户仿佛成为虚拟环境组成部分，导致其沉浸其中。至于多感知性，则是借助传感装置，虚拟系统对感知觉的反应，在虚拟环境中让用户获得多种感知，产生身临其境的感觉。

二、虚拟技术在高校计算机教学中的应用优势

随着信息技术的飞速发展，高校计算机课程内容也在不断更新，操作性和实践性的要求也在不断提高，要求理论与实践紧密结合，并且随着社会对计算机领域优秀人才的需求与日俱增，高校计算机教学应加快改革创新，合理选择教学模式。在高校计算机教学中应用虚拟技术，利用其交互性、逼真性创建良好的教学环境，营造良好的教学氛围，提高计算机教学质量。在高校计算机教学中应用虚拟技术，通过虚拟现实技术的软硬件系统，可以为学生创建一个逼真的虚拟环境，刺激学生大脑的多种知觉，让学生大脑处于兴奋状态并随时接收信息，有效激发学生学习兴趣，吸引学生注意力，增强记忆。

此外，借助专业传感设备加强虚拟环境中师生、学生之间的交互，利用瞬时反馈教师可以更及时有效地处理和加工学生反馈信息，加强师生互动交流，构建教学氛围更融洽的虚拟教学环境，激发学生学习积极性。在

高校计算机教学中，运用虚拟技术还能加强学生的合作交流，让学生在虚拟环境中互相探讨、合作，共同解决学习问题，深化对计算机知识的理解，同时也方便教师对学生学习情况的观察了解，可以及时纠正和指导学生学习过程中的不足之处，并实时参与到学生合作交流中，引导学生，激发学生潜能，提高课堂教学质量。

三、虚拟技术在高校计算机教学中的具体应用

在理论教学中应用虚拟技术。计算机课程无疑是一门实践性极强的课程，教师在讲述理论知识后，还会带学生到计算机实验室，结合计算机进行操作，让学生在实际操作中深刻理解所学计算机理论知识。但这种教学模式依然存在弊端，学生在起初就对过于抽象的计算机理论知识感到困惑，难以产生深刻认识，进而直接影响后面的实践教学质量。在计算机理论教学中，教师应积极应用虚拟技术，借助虚拟现实系统将抽象的知识形象化、具体化，结合多种媒体表现形式增强课堂教学的交互性和沉浸感，让学生可以更加直观、清晰地认识到所学知识。例如，教师在讲解计算机结构和组装过程的相关知识内容时，通过简单的文字和图片难以将知识直观传递下去，而教师带领学生到实验室进行操作实践，尽管可以让学生切实感受到计算机结构和组装过程，但因为时间并不充裕，教师无法对每个学生进行现场指导，学生只能按照自己想法实践，这导致了学生的一些问题难以解决，存在学习障碍。而利用虚拟技术，将图片、声音、动画等有机结合，设计制作出生动的教学课件，加强交互性，让学生沉浸其中，满足学生多角度学习、实践的教学需求，营造逼真的教学环境，深化学生对所学计算机知识的理解。

在"操作系统"课程教学中，针对进程管理、处理机调度这一学生难以理解的地方，尤其是生产者、消费者、死锁问题。教师可以利用虚拟技术，结合 3Ds Max 制作 VR 课件，通过逼真的课件形象生动地展示生产者、

消费者、思索问题的原理，加深学生印象，对原理产生深刻理解。常见的数据结构算法思想较为抽象，单纯的数据结构讲解、算法演示难以让学生快速掌握，教师可以利用虚拟技术处理，将抽象的算法过程更加直观呈现，方便学生理解。在讲解信息编码教学内容时，教师可以利用虚拟技术制作一些游戏案例，信息编码、二进制、十进制等基本概念融入其中。通过设置游戏问题，激发学生学习兴趣，促进学生主动探索。

在实验教学中应用虚拟技术。在高校计算机实验教学中，应用虚拟技术可以生成相关的实验系统，实验仪器设备、实验室环境、实验对象、以及测试、导航等实验信息资源，可以虚拟出构想的实验室，也可以模拟现实实验室，打破实际教学中物力设备的限制。例如：在计算机操作系统安装、调试实验教学中，教师可以通过 VMware 软件创建一台具有独立硬盘、操作系统、独立运行的虚拟机，在它上面进行实验操作即便出现问题，导致发生故障也不会影响其他虚拟机和物理机，能有效降低教学投入成本，保护现实计算机。可以根据不同需求为虚拟机安装不同操作系统，实现一机多用，满足计算机实验教学多种要求。不同于传统物理网络实验室，虚拟机具有更好的隔离性和独立性，且在使用虚拟机的过程中，每个学生都是管理员身份，使得学生产生更好的上机体验。

虚拟机具有良好的独立性，当配置设定之后，不会受到其他虚拟机影响，也不会对其他虚拟机产生影响，故适应型更强，可以根据不同的计算机实验教学要求，随时改变虚拟机配置，使得资源分配更合理，在满足各种计算机实验教学要求的同时，节省物理机配置，同时也降低高校计算机教学成本。

在高校计算机教学中，虚拟技术应用越来越广泛，将其应用在计算机理论教学中，能将抽象计算机理论知识直观化、生动化展示，营造真实情境，促进学生更好的理解和掌握。应用在计算机实验教学中，根据不同计算机实验教学要求创设独立性和隔离性良好的虚拟机，根据需求改变配置，在满足实验教学的同时，降低教学成本。

第三节　混合教学在高校计算机教学中的应用

基于新课改的背景下，混合式学习方法博得了教育工作者的眼球，而在高校计算教学活动中使用混合式学习模式，必然会得到显著的效果，显然这对培养学生的综合能力有着积极的作用。对此，本节首先阐述了混合学习模式以及在高校计算机教学中应用混合教学模式的必要性，其次对传统教学模式存在的弊端进行了探讨，最后围绕着混合教学模式在高校计算机教学中的应用措施展开论述，仅供参考。

随着我国生活质量以及水平的不断提高，以往的计算机教学形式早已无法紧跟时代的脚步，这就要求相关教育工作者应当主动创新以往的教学模式，结合学生的实际状况来制定新教学方式，坚持以人为本的理念不动摇，这样做不单单可以强化学生的创新意识，还能充分发散学生的思维能力，以此来促进其学习水平的全面提升。对此，本节以混合教学模式为例，从以下几个方面围绕着混合教学在高校计算机教学中的应用展开论述。

一、混合学习模式以及在高校计算机教学中应用混合教学模式的必要性

（一）混合学习含义

混合学习可以被称之为一种理念，除了要充分认识数字化学习以外，还必须有人接受。站在客观的立场来讲，鉴于该学习方式也存在优劣势与科学性，因而充分发挥其优越性，才能妥善处理教学期间存在的各种问题。混合学习理念会对教学过程带来直接的影响，其中涵盖以下几个方面：学生观、教师观、教学媒介、教材、教学方式等。而针对教学要素来说，往往侧重于学生滋生的解释，教师从原来的传授者转变为设计者，学生演变成为知识的主体，而不是容器。

（二）混合学习的定位

一般而言，以往教学模式基本上都是在课堂中进行，其主要以教学大纲、教材设定内容等方面为主；为了将应用效率得到提升，其应当与网络学习结合在一起，通过注重学生主体地位以及差异性进行全年改革。针对网络学习而言，其主要是利用网络的学习模式，在整个环节中，网络属于先进的教学工具，现阶段，多媒体、计算机早已演变成为先进的教学工具，它打破了以往教学模式对于黑板、教师的依赖。这种模式之下，学生才能真正成为课堂的主人，从原来的被动接受知识转变成主动接受知识。而教学媒体通常以书本为主，通过多媒体链接与超文本运作等各种手段，为全体学生提供生动形象的人机交互界面，并且这样也更有益于充分发挥学生的主体地位。但是我们也应当意识到，网络学习针对学习主动性、自制力等方面均提出了越来越多的要求。这是因为网络教学的教和学总是处于相互分离的状态，尽管具备较多的学习时间，场地比较分散，学生有着较强的随意性，故对学习目标以及自控力提出了诸多要求。

（三）在高校计算机教学中应用混合教学模式的必要性

第一，计算机教学课堂内容种类多，涵盖到繁琐的理论知识和操作内容，这样就会在无形之中对学习者的学习水平提出诸多的要求。灵活运用混合教学模式，能够在无形当中使得学生线下课程前后得到指引，为学生可以熟练掌握相关知识点提供应有的保障。针对线上学习来说，其存在诸多的优势，如弹性大、可重复等，对促进学生学习水平有着积极的意义，使得教师能更加从容面对学生个体之间存在的差异性，以此来实现教和学的完美结合。

第二，使用混合教学形式可以有效增强教学的科学性。基于这种背景之下，教师可以在指定的时间内开展丰富多爱的实践活动，并在最短的时间内给予学生反馈，以此来弥补教学单一化存在的不足之处，继而促进其学习水平的全面提升。

第三，可在无形当中增强教学资源管理的便捷性。教师可以利用课下或是业余期间把教学资源采取数字化与联网的方式保存起来，为教学反思以及循环使用提供更多的便利。

二、传统教学模式存在的弊端

在对以往的计算机课堂教学活动进行深度剖析以后可以发现，教师扮演主要角色，而学生扮演配角，把学生放在了被动接受知识的地方，缺乏对学生实践能力的培养。从当前的发展趋势来看，诸多高校并没有深刻意识到计算机课堂的重要性，也没有对学生的个性化发展引起必要的重视，进而对教育行业的健康发展带来了不利影响。传统教学模式存在的弊端主要体现在以下几个方面：一是没有对学生个性化发展予以高度重视，二是师生、生生之间缺乏有效互动，三是忽视了对学生创造力的培养，四是不符合现代教学发展的需要，具体内容如下：

（一）没有对学生个性化发展予以高度重视

站在客观的立场来讲，计算机属于一门灵活性强的课程，其主要要求学生通过动手操作来探索与掌握计算机等相关知识点，灵活运用软件的使用方式来将自身的综合能力加以提升。但在以往的教学活动中，教师的教学手段往往过于单一化，课堂教学缺乏一定的新颖性，教师属于课堂的引导者把握着学生的每一个行为，显然这样久而久之下去就会影响学生思考探索的主动性。不仅如此，一些学生的语言"被限制"，致使其在思考问题时无法充分发散自身的思维能力，显然这对学生自主发现问题、探索问题、解决问题均带来严重的影响，更不利于学生个性化的发展。

（二）师生、生生之间缺乏有效互动

针对以往计算机教学模式来说，计算机教师在开展教学活动期间总是采取"一堂灌"的形式把所有理论知识都传授给学生，显然这样就会导致

师生之间、学生之间缺少必要的沟通，大部分教师还把小组讨论学习当作是浪费时间的行为，阻碍了学生对教学内容的发散性思考，也没有为学生提供一个可以发挥自身作用的平台，长此以往，就会导致学生缺乏对教学内容的思考。

（三）忽视了学生创造力的培养

我们都知道，以往的教学模式主要是把理论知识传授给学生，大部分教师往往将目光放在了知识的传授上面，而没有对知识的延伸予以高度重视，只重视书面成绩，却没有将时间和精力投入到对学生综合能力的培养上面，导致学生的理论知识无法应用于实践活动中，久而久之，会对学生创造力的发展带来不利影响。

（四）不符合现代教学发展的需要

随着我国国民经济水平的快速发展，计算机技术慢慢演变成为现阶段社会发展的关键技术，并在相关领域中得到了广泛的认可与推崇，这就要求计算机教师要采取针对性的手段将学生的计算机应用水平加以提升。而以往的教学模式早已无法紧跟时代的脚步，显然制定出切实可行的教学模式对促进我国教育行业的发展有着积极的意义。

三、混合教学模式在高校计算机教学中的应用措施

为了促使学生具备与之相匹配的综合能力，计算机教师在开展计算机教学期间，应当采取针对性的手段营造出轻松、愉快的课堂氛围，推动学生成为课堂真正意义上的主人。为了进一步增强学生的创新能力，教师还应当紧跟时代的脚步，积极使用新型教学手段，传授学生掌握学习技巧，教师在整个环节中所扮演的角色是引导者，而不是把学生当作知识灌输的容器。不仅如此，教师还应当引导学生进行自主探究，灵活运用各种手段来激发他们的思维能力。倘若想要构建起满足计算机教学的混合教学模式，

那么应当对以下几点予以高度重视：

（一）教学前期

站在客观的立场来讲，教学前期主要分为以下两个部分：一是课前分析，二是课前预习。针对课前分析来说，其剖析所讲解的对象以及环境是不可或缺的步骤。计算机教学在开展计算机教学活动的过程中，其基本上所面临的学习群体来源于以下几个方面：一是来源于不同的年级，二是来源于不同的专业，不同专业学习人数非常繁多，学习能力也存在着较大的区别，故在对教授对象进行深度剖析时，应当对每一个对象的专业情况、学习状况等方面做到了如指掌。除此之外，教师在开展计算机教学活动的前期阶段一定要熟练掌握课堂的安排状况，其中包含以下几个方面：一是授课地点，二是授课设备，三是课时安排；考试方式，四是考核比例等。站在课前预习方面的立场来讲，为了日后教学活动可以有条不紊地进行下去，教师应当在每一次开展教学活动之前把相关数学资源，像文本、素材等通过网络充分展示出来，目的是为了提供给学生进行课前预习，促使其熟练掌握课堂内容并提出质疑。不仅如此，教师还应当在指定的时间内为每一次的教学制定出切实可行的教学目标，以此来科学引导课堂教学。

（二）教学中期

第一，如果想要促进混合教学模式渗透到高校计算机教学活动当中，那么在教学中期，即在开展教学活动的时候，计算机教师应当采取必要措施把以往的面对面教学有机的和线上网络教学结合在一起，还要在充分结合学生学习特点的基础上，开展相应的教学设计工作。值得一提的是，教师在开展此项教学活动期间一定要扮演引导者的角色，并且所设计的教学内容一定要确保发挥学生的主体地位，让他们成为课堂的主人，只有这样才能促进其综合能力的全面提升。作为一名计算机教师，在开展计算机教学活动的过程中，首先需要做的事情就是阐述教学中的难点与重点，同时还要事先整理好学生上课时提出的问题并进行解答。

第二，应当在充分结合所授内容的基础上设计与之相匹配的课堂练习，可采取小组讨论的方式进行，把学习程度不同的学生放在一个小组中，这样做的目的是为了使得小组内部演变成"互帮互助、一起进步"的局面，继而从根本上将课堂学习水平加以提升。

第三，为了进一步减少学生在自主探索期间不知从哪学起的尴尬局面，计算机教师在进行课堂练习活动期间，一定要增加与学生沟通的次数，目的是为了促使他们在具体探讨期间可以对相关学习技巧做到了如指掌，继而为学生营造出轻松、愉快的学习氛围。

第四，计算机教师还应当将目光放在学生个体发展的上面，并在此基础上做到因材施教，结合每一个学生的学习状况采取与之相匹配的手段进行科学引导，熟练掌握学生的个体特征，保障他们可以成为课堂真正的主人。

（三）教学后期

一堂课的时间只有45分钟，但由于每一个学生接受知识的能力不一样，所以为了进一步提高学生的学习水平，计算机教师应当在课堂教学活动结束以后进行线下指导，即将事先制作好的视频上传到指定的网站或是学习平台中，并在此基础上布置相应的练习题让学生练习；不仅如此，计算机教师还可以在每周指定的一天把带有典型案例的资源也一同上传到网络或是学习平台中，这样做是为了将学生的知识面加以拓宽，在必要的情况下，还可以使用相关软件和学生进行沟通。除此之外，教学评价在混合教学模式当中扮演着重要的角色。之所以这样说，是因为以往教学活动当中的教学评价总是更倾向于总结，而混合教学模式当中的教学评价则侧重于教学过程，评价内容主要包含以下两个方面：一是对学生的课堂学习评价，二是课后考核评价。

综上所述，日后计算机发挥的作用将会被无限放大，必然会演变成为学习以及工作不可或缺的工具。因而，计算机教师一定要采取针对性的手段将计算机的学习手段有机的学习状况结合起来，并在此基础上把新型混合教学模式渗透到学习与工作当中，只有这样才能促使其发挥出最大的价值。希望在本节的论述下，可以对相关教育工作者有所帮助。

第四节　计算机技术在高校教学管理中的应用

随着当前计算机技术的普及，网络互联网模式已经应用在生活中的方方面面，计算机技术在辅助并促进高校的教学管理工作中将发挥越来越重要的作用。有效地应用计算机管理技术，不仅能提升高校教学管理的工作效率，而且更会促进当前高校管理的合理化、成熟化。该文主要介绍当前的高校教学管理中应用计算机技术辅助教学的现状，并对此进行简要分析。

高校的教学管理体系对于高校而言有着极其重要的作用。它可以有效地维持正常的教学秩序，根据具体现状，开展相关的教学研究，同时进行必要的改革措施。只有这样，才可以完成相关的教学任务。从当前的高校教学管理现状出发，可以发现，只有不断地促进高校教学管理现代化进程发展，才可以不断地解决众多影响、并且制约当前的相关管理因素。目前采取的主要手段，需要实施必要的措施，来提升教学管理效率，同时使其变得科学化、合理化，以便进一步发挥出计算机技术在当前的教学管理中的巨大作用。这是当前高校教学管理改革中的关键步骤。

一、分析计算机管理技术在当前的高校管理技术中的作用

（一）减轻管理工作量

近年来，高校教学管理体系已经尝试采取一些相关的改革，同时根据现行的学生培养目标，采取了一些调整性的方案，也在不断地促进办学发展，形式也更加的趋向于成熟化。但是由于当前校招人数逐年激增，故教学管理的任务量也在不断增大，高校的教育部门需要处理大量的教学信息。

与此同时，相关的分析工作任务也越来越繁重。传统的教学管理方式已经无法适应高校教育管理形式的发展趋势，因此计算机技术的运用能够有效地解决上述问题。当务之急，是需要不断地进行尝试，最后决定符合当前的高校教学管理的相关办公模式，使其具有高效性、科学化的特点。随着计算机的普及，在教学管理中使用计算机技术可以极大地节省人力、物力，同时减少因信息遗漏给高校教学管理带来的不必要损失，减轻了任务量，使相关的数据方便打印，还可以进行信息传递。

（二）确保教学管理工作正常运用

对于教学管理而言，需要相关人员对于日常的事物进行总结、分析和安排，同时对综合信息进行合理且有效化的处理，实行必要的管理跟控制，确保高效的教学管理工作得以正常开展。具体的任务还包括汇总相关的教学信息数据，评定教学状态，评价教学质量水平，根据现状制定有关决策，必要的时候还需要进行科学化的信息和数据储存。如果用传统的方式来处理以上工作，则工作量无疑太大。如果采用现代化的计算机处理模式，运用 Word，Excel，PPT 等办公软件进行处理，则会实现高效化的办公流程。所以，要实现高效化的教学管理模式，可以运用计算机来处理相关的事务。

二、分析计算机技术在高校教学管理中的应用

从当前的情形分析，高校计算机管理中所涉及的领域非常广泛，它主要涉及不同部门、人员、内容等，其中涉及最多的是学生学籍处理、教学质量监督管理、以及对学生日常信息管理等工作。这些内容复杂多样，需要进行记录，归档等操作。因而运用计算机技术，可以减轻工作量，提高管理效率，同时也有利于后期的查询工作。具体可以分为以下几个方面。

（一）提高学生成绩管理效率

学生的成绩管理是高校教学管理中一个非常重要的信息点，也是学生

的学籍管理中很重要的成分。当前的相关规定明确指出，需要记录学生在每一学期中参加课程的课时，学分、成绩等信息，同时还需要满足后期的查询、更改、分析等功能。因此，就需要认真处理好相关的数据。从学生大一开始到大四结束，学生的课程数都会在 30 ~ 60 门之间。学院需要处理的学生信息更是一个庞大的信息量，校级的相关教学部门处理的信息量更是不可估计的。进行计算机管理操作，可简化学生成绩信息输入流程，并且可以进行储存、调取等后续操作。

（二）简化操作流程

在每学期课程结束之后，教学管理人员可以根据班级的学生人数，将相应的成绩录入教学成绩管理系统，这样系统就可以自动匹配不同分数段的人群，还可以知道学生的成绩评定，以及班级的平均成绩、班级排名、优秀率、及格率等相关信息。通过操作系统，还可以建立学生在该学期的成绩表。通过设立相关的查询渠道，学生可自行查询自己的考试成绩。还可以根据实际情况，例如补考、缓考等特殊情况，可进行说明。运用计算机操作，可以减轻学生成绩处理任务，简化流程，减轻工作量，使得数据管理工作更加轻松，为师生也创造了便利。

（三）加强教学质量监督管理

随着当前教育领域发展的步伐越来越快，对教学的有效性要求也越来越高。如果提升当前的高校教学质量成为关注的问题。只有设立有效的教学质量评定体系，就能发现当前的教学出现了哪些问题，进而采取具有针对性的解决措施。所以就需要进行相关的教学质量检查工作。传统的方式都是采用发放调查问卷，让学生进行填写，让学生为教师打分，但该方式费时费力，有时学生只是匆匆地应付，起不到实质性的作用，同时由于后期还需要理对相关反馈进行收集、归纳、总结，故整个工作量成为一个庞大的工程。而采用网络平台，教学生输入自己的相关信息，对教师的教学质量进行评定，系统会根据实际的选项，对相关的信息进行汇总。这可以帮助教学管理人员有效地了解学生对于该门课程的相关反馈，并发现一些存在的问题。教学管理人员也能对教师的教学质量做出恰当的评定。

（四）有效加强对教学信息管理

利用网络，可对学校的多媒体教室，课程等做出有效的安排，而不会发生冲突。这就需要高校教学管理人员提前了解当前学校教师的使用情况，例如使用时间、班级等。利用计算机对其使用情况进行安排，最大化地实现多媒体教室运用。同时由于在高校内，一个教师，需要同时教授好几门课程，因此运用计算机可对教师进行合理的时间安排。总之，运用计算机，可以确保对校内的资源进行全面处理，做到优化配置，充分地发挥其教学服务作用。

（五）创建网络平台

网络平台的创建，有利于加强师生之间的合作。教师定期向网络平台上传教学资料，学生可自行下载，完成之后，进行上传。教学资料可以是文件、录像等等。鉴于在该信息被储存在网络平台上，教学管理人员可对其进行检查，来审核教师的教学质量，同时也可定期抽查学生上交的作业，进行相关的教学评估。

随着当前社会发展速度不断加快，计算机互联网技术已经广泛应用在各行各业中。计算机技术在高校教学管理中的应用，可有效促进高校在日常教学信息管理、教学资源规划、学生信息处理等方面的管理工作。同时作为一种现代化的教育管理方式，它可以有效简化工作流程以及后续的相关信息查询工作，给高校的教学管理带来更多便利。希望计算机技术的运用，能够在未来继续发挥出它独特的作用，不断推动高校教学管理工作的开展。

第五节　基于就业导向的高校计算机应用

21 世纪是信息化的时代，随着社会发展进程的加快，对于信息人才的需求量越来越大，对人才的质量要求也越来越高。在这样的大环境下，高校计算机教师必须要紧跟潮流，以促进学生更好就业为导向进行教学改革，使学生学到扎扎实实且符合当前社会发展需求的计算机知识与技术，以此提升学生的信息素养。

为了实现可持续发展，高校必须根据当前的就业需求进行教育改革，依据当前社会对现代化人才的要求和具体职位的岗位要求等调整教学策略，尤其是计算机应用技术这门学科，教师应当密切关注当前的就业形势，在这个基础上进行教学方法的改革和教学内容的优化，为社会培养出具有较高信息素养的现代化人才。在本节中，笔者就高校计算机应用技术教师如何利用就业导向进行教学阐述自己的几点思考。

众所周知，信息技术的发展速度非常快，这也意味着计算机知识有着非常快的更新速度。现如今，很多高校计算机应用技术教学仍然采取理论考试与教材学习相结合的教学模式，没有在教学体系中引入以就业为导向的教学方式。与此同时，用于计算机应用技术教学的软件存在版本过时的问题，实用性非常低，这让学生适应当前就业的能力受到严重限制。

就当前社会对现代化人才的需求情况来看，既要求人才不仅具备一定的学习能力，还要具备动手实践能力。换言之，具有全面素质的学生相较于单纯成绩好的学生在社会上更受欢迎。但是，目前高校计算机应用技术教学只注重理论内容的传授，忽视了培养学生的实践能力，学生严重缺乏动手操作能力。正因为如此，很多学生走上社会后不能适应企业需要，不能在工作中有效应用自己学到的知识，导致就业情况不甚理想。

高校教师通常是毕业后就走上了教学岗位，缺乏实际工作经验。所以，很多教师虽然理论知识丰富扎实，但实践能力却比较差。加上部分教师习惯性"闭门造车"，对当下的就业形势关注度不够，故不了解当前社会的人才需求，在进行教学改革的时候不知道从何着手。这也是高校学生在参与项目化实践活动中，遇到问题难以得到教师支持和指导的原因之一，这对计算机应用技术教学实效性的提升造成一定的困难。

一、加强计算机师资队伍的建设

教育教学取得怎样的教学效果，在很大程度上取决于教师的教学能力。前文中也说到，现下高校计算机教师普遍存在理论知识丰富但实践能力差的问题，这在一定程度上抑制了学生实践能力的提升。在以就业为导向的高校计算机应用技术教学中，要想实现顺利改革，必须加强计算机师资队伍的建设。一般来说，对教师综合素质的提升可以从以下两个途径实现。

其一，对高校现有的计算机教师加强考核和培训力度。信息技术的发展速度比较快，计算机知识和技能的更新速度也比较快，教师必须要不断学习，才能进行有效教学。对于高校现有的计算机教师，学校要进一步强化考核和培训。一方面，针对计算机教师教学能力进行培训，包括职业素养，职业技能等。在这个基础上对教师进行考核和评价，评分低的教师需要进行再次培训。另一方面，学校要鼓励教师多参加各种业余学习，例如学习计算机软件、计算机技术等。此外，学校要尽可能多地给教师提供参加学习交流的机会，使教师在参观交流的过程中积极借鉴他人的教学经验，吸收新的教学理念和教学方法，并根据实际将其合理地运用到课堂教学之中。

其二，引进企业实践经验丰富的计算机教师。在以就业为导向的计算机应用技术教学中，教师要专注于学生就业能力的提升，在给学生传授计算机知识的同时致力学生职业素养的培养，这就需要具有丰富的企业实践经验教师进行指导。为了实现这一目标，学校可以引进优秀的计算机教师，特别是有着较强计算机实操能力的教师，譬如在软件公司做过编程、软件开发等工作，这样的计算机教师可以在课堂教学中给学生传授丰富的职业技能和企业工作经验，有利于增强学生的就业优势。

二、创新和改进计算机教学模式

基于就业导向的计算机应用技术教学中，教师要摒弃传统的灌输式教学模式，以促进学生更快更好地就业进行教学模式的创新与改革。在笔者看来，计算机教师在教学中可以适当地采取以下几种教学方法。

其一，案例教学法。在计算机应用技术教学中，仅仅对计算机理论知识进行讲解，让学生通过死记硬背的方式记住知识的方法是不可行的，这不仅会降低学生的知识吸收率，也不利于学生对计算机知识技能的理解和掌握，甚至会让学生逐渐丧失学习兴趣。而案例教学习法是一个可取措施。教师可以在课堂上引进各种成功的案例，并根据这些案例和教学目标设置一些思考题，利用这些思考题激活学生的思维，加深学生对案例的理解，帮助学生进一步巩固知识。

其二，任务驱动法。要想提升高校学生的就业能力，不仅要传授学生计算机知识，而且还要加强对学生创新精神和团队意识的培养。传统的教学方法很难实现这个要求和目标，但任务驱动教学法的运用可以促进这一目标的落实。在实际教学过程中，计算机教师可以结合教学内容给学生设置合适的学习任务，比如设计网站等。然后进行小组分配，让学生以小组为单位互相讨论，各自交流彼此的看法和观点。

三、建立完善的计算机课程体系

完善的计算机课程体系，是计算机教学取得实效性的前提和基础。前文中也说到，现下高校计算机应用技术教学中存在教学内容与当前社会脱节的问题。对于这一问题，计算机教师必须予以高度重视，在教学过程中不仅要对学生进行研究，对教材进行钻研，而且还要密切关注当前的社会就业形势，时刻了解社会的发展动态，尤其是学生即将从事的岗位对人才信息素养的需求变化。教师要根据社会发展动态对教学内容进行调整和优化，尽可能地将最前沿的计算机软件知识传授给学生，以此开阔学生视野，提升学生职业素养。譬如，学生将来从事的职业要求求职人员必须要掌握某一项新的软件，教师也应当及时学习，在自己充分掌握的前提下将其纳入到教学体系之中，在课堂上对学生进行指导，以此提升学生的核心竞争力。除此之外，计算机教师在做好理论知识教学的同时，还要重视并加强对学生的实践训练，比如开展丰富多彩的计算机实践活动，举办网页设计大赛、PPT 制作大赛等，以此提升学生的计算机应用能力，同时增强学生的表达能力和应变能力，使学生的综合素质得到全面发展。

在当前竞争激烈的就业环境下，站在就业的角度对高校计算机应用技术教学改革非常有必要，这样可以提升教学的针对性和实效性，有助于提升学生的专业素养和核心竞争力。既有利于学生今后更好的就业，也有利于企业获得合格的复合型人才，还能促进高校计算机教学事业取得长足发展，可谓一举三得。所以，高校计算机应用技术应当以促进学生就业为导向加快教学改革步伐。

第六节　高校计算机教学中项目教学法的应用

目前，计算机技术已经广泛应用于人们日常生活的各个方面，通过将计算机的理论知识应用于实践，实现了实时信息共享、随时随地获取各种信息资讯。因此，在高校的教学过程中，高质量计算机人才的培养需求越来越迫切，传统的教学模式存在一定的缺陷，在教学方法的变革中，项目教学法脱颖而出，其利于提高学生创新实践能力的特点受到众多高校的普遍认可，在高校计算机教学中应用项目教学法，能有效提高学生的自主学习积极性。可以说项目教学法的应用为培养高质量的综合计算机人才提供了新的思路，为计算机专业的学生适应社会需求、增强就业竞争力提供极其重要的帮助。

一、项目教学法概述

（一）项目教学法的定义

在 21 世纪初，我国教育领域引入了项目教学法，这是一种通过教师与学生共同完成某个完整的项目，学生自主学习、教师辅助指导、师生协作来进行教学活动的方法。这种教学方法在形式上拉近了教师与学生之间的距离，教师与学生互相协作、共同配合，将理论知识与实践过程紧密联系在一起，在实施过程中也很好地拓展了学生的思维、锻炼了学生的实践能力。

（二）项目教学法的特点

项目教学法主要包括 3 个方面：设计环节、实施环节、评价环节。首先是教学场景的设计，确定项目的任务目标与实施计划。其次是学生独立探索实施，划分项目小组互相协作完成项目，再次是教师的评价环节，包括项目小组之间的互评自评以及教师对每个项目小组完成情况的优缺点评定。所以，与其他传统的教学法相比较，项目教学法有以下几个明显的特点：

（1）教学效果好，教学周期短，伴随着项目的完成，教学活动也完成了。

（2）有很明确的成果，便于师生根据项目的完成情况共同评价工作成果。

（3）教师与学生共同协作，教师辅导，学生实践，提升了学习效率。（4）理论与实践相结合，使所学的理论知识具有实际的应用价值。（5）可以锻炼学生的实际操作能力，在增强学习兴趣的同时提高创造力。

（三）项目教学法的原则

项目教学法主要强调的是，学生在教师的辅导帮助之下，主动研究构建自己的知识体系框架，而不是一味填鸭式的被动接受理论知识。与传统的教学方法比较，项目教学法遵循着以下几个教学原则：（1）以学生为中心，教师作为辅助。（2）以项目为中心，课本作为辅助。（3）以理论与实践结合为中心，课堂讲解作为辅助。（4）以知识与能力训练为中心，科学知识作为辅助。（5）以项目任务目标为中心，其他环节辅助。

二、高校计算机教学中项目教学法的应用过程

（一）善储备知识、打好理论基础

在项目开展之前，教师和学生都应该完善自身的知识储备，保证储备充足的理论知识，为实践操作打下坚实的基础。因此为了确保项目的顺利完成，达到学习目的，在项目开始前需要做到以下几点：第一，教师详细讲解计算机理论的重点难点，便于学生理解和消化项目中的知识。第二，培养学生的创新思维与创新意识，锻炼学生自己思考问题、解决问题的能力。第三，加强了解项目环境，侧重讲解操作技巧以减少在项目实际操作过程中的失误。

（二）划分项目小组、平衡综合实力

划分项目小组对整体项目的完成起到很重要的作用。由于不同学生的理论知识水平以及实际操作能力都有差异，所以在项目研究过程中，教师应根据学生间的差异来平衡项目小组的综合实力，根据每个人的特长来分配适合的任务，以此提高学生的积极性、增强学生的自信心。通过各个项目小组之间的互相协作，加上教师的指导，最终完成项目的研究目标。

（三）创造项目环境、设计项目环节

在高校计算机教学过程中，运用项目教学法的关键在于项目的设计。因为项目是高校计算机学生研究和学习的主要对象，所以在高校计算机教学中运用项目教学法的重点应该放在创造项目环境、设计项目环节上，将

计算机课程的重点难点与教学重点结合设计为项目的一部分，可以更好地让计算机专业的学生理解计算机知识、掌握计算机技能。与此同时，还要控制项目的难易度，过于简单或者过于复杂都不利于学生的学习，太过简单不利于深度掌握知识，太过复杂不利于提升学习积极性，也会影响学生的自信。因此，良好的项目环境、难度适中的项目设计是项目教学法应用于高校计算机教学的重点。

（四）制定实施方案、演示操作流程

在项目的研究过程中，具体的实施方案是对项目的整体规划，关系着整个项目的成败，因此在项目教学法中教师应辅导学生确定具体的实施方案。首先，在理论方面对计算机的理论知识体系进行分析，筛选出重点以及难点知识作为研究的基础。其次，教师应该为学生讲解具体的项目研究程序、简单地演示操作的过程。最后，教师应该引导学生确定项目名称、操作流程、角色分工以及展示方法等，确保学生在项目的实现过程中减少失误，完成最终目标。

（五）确定成员角色、小组分工协作

一方面在高校计算机教学中应用项目教学法，采取划分项目小组、互相协作的方式在增强学生的学习积极性、促进互相之间交流配合的同时，也可以提升学生的创新思维，锻炼学生的沟通能力以及思考解决问题的能力，增强学生的沟通与表达能力。在另一方面，也利于小组人员之间互帮互助、取长补短，为完成项目目标共同努力。小组学习研究的过程中应注意两点：（1）确定小组的研究目标，使项目小组所有人员朝着共同的方向努力，在完成目标的过程中互相配合、互相学习。（2）根据每个学生不同的知识水平以及学习能力进行定位，促进个性发展的同时减少发生内部矛盾的可能性，例如管理能力强的学生作为项目总体负责人，而表达能力强的学生负责成果展示等等。

（六）项目成果展示、问题分析评价

项目教学法的最后一个环节是项目成果的展示，项目实施过程中所遇到问题的分析讲解以及教师的评价。展示的过程中，学生要负责说明整体项目研究的目的，遇到的问题，解决问题的过程。在评价的过程中，教师要负责对于学生在研究过程中的解决问题能力，寻求解决办法的良好思路以及小组协作能力给予鼓励，肯定学生的成果。同时指出学生在研究过程中出现的失误以及实际操作的不足，并给出相应的解决办法，以期促进学生更长久的进步，也供其他学生学习与借鉴。

三、应用项目教学法应注意的问题

（一）合理安排课时

在高校计算机教学中运用项目教学法的前提，是要求针对具体的计算机研究项目搜集理论知识、设计实施方案、创造项目研究环境等等，这需要教师与学生都投入大量的时间与精力。因此，高校应该注重课时的合理安排，保证完成教学任务的同时也能够尽可能地为学生提供实践研究的机会。

（二）改进教学评价

与传统教学模式不同，项目教学法注重的是提升学生的实际操作能力，增强自我学习自我思考解决问题的能力，提高沟通协作能力与创新意识创新思维。所以，在项目教学法中应该重视这几类综合能力的评价，不单单只看计算机理论知识的考试成绩，良好的教学评价体系是培养高质量人才的第一保证。

项目教学法是通过学生主动研究、教师辅助指导，教师与学生共同配合来完成一个项目，在项目的研究过程中完成计算机教学的方法。在高校计算机教学中应用项目教学法，可以将计算机理论知识与实际计算机操作

技能紧密结合，以知识和能力训练作为中心，大幅度提升学生的实际操作能力、增强学生的自我学习、自我思考问题、解决问题的能力、提高学生的沟通协作能力、培养学生的创新意识与创新思维。因此，在高校计算机教学中项目教学法的应用对提升计算机教学水平，培养学生综合能力都有极为重要的意义。

四、高校计算机教学中项目教学法应用策略

加强基础内容教学。项目教学法的实施是一个循序渐进的过程，而基础内容则是这一过程实施的必要前提和基本保障，只有学生先具备完善的专业知识才能使教学项目得以不断推进。所以，在高校计算机教学中教师就要着重加强基础内容教学，帮助学生做好项目学习各项准备。一是对于计算机编程、数据库与网络、硬件等重点难点知识，要为学生进行详细讲解并组织相应的考核任务，确保每一位学生都能够理解和消化。二是在组织项目教学前要向学生介绍项目的研究环境、操作技巧、流程规划等一系列内容，使学生能够提前做到心中有数，避免在运行项目过程中出现失误和慌乱情况。三是要对学生的学习思维进行引导纠正，指导学生逐步改变以往的应试学习方法，缩短学生对项目教学适应期，从而达到事半功倍的项目效果。

精心设计项目主题。高校计算类课程教学内容比较复杂，既有办公软件使用等简单知识，又有代码编写、网络维护等深奥知识。因而，教师在应用项目教学法时要精心设计项目主题，遵循趣味性与挑战性相结合和理论性与实用性相结合的原则，使学生既可以在项目学习中学到相应知识和技能，也可以逐步培养自身的计算机兴趣，提高学生的学习成就感。比如根据当前移动互联网的计算机发展趋势，教师可以为学生制定"制作手机游戏"的项目主题，为学生布置编写项目计划书、设计游戏界面、编写游戏代码以及上架应用商店的具体环节，通过将完整的软件开发流程融入教

学项目中，就可以为学生的持续性学习指明前进方向，使学生能够由浅入深逐步完善自身的计算机知识架构。

合理划分项目小组。项目小组是项目教学法实施的基本形式，也是影响项目教学法落实情况的重要因素。所以，在高校计算机教学中，教师要合理划分项目小组，注意每个学生之间知识水平与实践能力的差异，为学生创造出互帮互助的积极学习环境，并且要使每个小组之间的实力保持在同一水平，从而引导学生互相竞争，挖掘学生的内在学习潜力。如对于"制作手机游戏"这一项目，教师可以规定每组成员为 3 ~ 6 人，先由学生按照自身意愿自由分组，再由教师根据具体情况进行调整，使每个小组内都有成绩好和成绩稍弱的学生互相搭配，而后为每个小组指定一位综合能力较强的学生担任组长，并由组长对组员进行学习分工，将项目的各个学习内容分派到学生身上。

尊重学生主体地位。项目教学法是以学生为中心的一种教学方法，其强调项目实施过程中，学生是唯一的主体，而教师则担任辅助性的角色。因此，在高校计算机教学中，教师要着力尊重并保障学生的学习主体地位，改变以往直接向学生传授知识结果模式，指导学生在项目学习中逐步掌握学习方法，为学生提供自由发挥空间和平台，使学生能够发散思维，不断积累有益学习经验。比如在"制作手机游戏"这一项目代码编写环节，学生很容易遇到困难，不知道该选择何种设计模式，不知道该如何适配不同手机的 UI 界面，这时教师不能直接给出答案，而应该指导学生到 CSDN 论坛、github 社区等专业网站上了解其他软件开发者的相关意见和经验，并为学生提供相应的微课视频供学生自主学习，使学生能够完整的掌握项目实施的各方面因素，促进学生在项目体验中培养自身的探究意识和创新精神。

多维评价项目成果。项目评价是项目教学法实施最终环节，也是教师总结教学过程与学生总结学习过程的重要阶段。在这一阶段，教师要改变以往"唯分数论"的评价方式，而要从项目实施的具体过程出发，从不同维度对学生学习情况进行点评，使学生能够清晰准确认识到自身学习中的优点与不足。例如在"制作手机游戏"这一项目完成后，教师可以先让学生进行自评和小组进行互评，引导学生从学习者和参与者角度进行反思，而后，教师再根据项目反馈制定出评价表，其中包含学习态度、项目结果、进步幅度、项目问题等各方面标准，并依据这些内容给学生进行打分，对学生做出过程性评价，对于分数较高的学生和小组，教师要提出表扬和奖励，并鼓励其到讲台上分享学习经验，对于分数较低的学生和小组，则要适当批评，指导其深刻认识到学习的薄弱处，从而实现共同进步、共同提高的良好教学局面。

项目教学法是进行高校计算机教学的一种高效优质方法，教师可以从加强基础教学、精心设计主题、合理划分小组、尊重学生主体以及多维评价项目等方面入手，合理开展项目教学活动，使学生逐渐学会计算机，并且学精计算机。

第七节　微课模式在高校计算机基础教学中的应用

随着社会的发展，越来越多的高校对计算机基础课程教学越来越重视，针对目前教学中存在的不足，通过对微课教学的研究及优势分析，提出基于微课新形式信息化的高校计算机基础课程的教学模式，且将微课教学与传统教学相结合，采用微课作为教学的补充模式，使微课成为课堂教学有效的、有益的补充，从而提高教学效果。

随着现代社会科学技术的迅猛发展，及新课程改革进程的深入推进，计算机技能不仅成为当代大学生所必须具备的基本素质，同时还需要对其进行良好的掌握，实现全面发展。高校计算机基础课程，是我国高等学校培养大学生掌握计算机基础知识、基本概念和基本操作技能所必修的一门基础课程，通过教学实践，培养学生的信息技术知识、技能、能力与素养，使学生成为满足社会需求的技能型复合型人才。微课是现代信息化进程的必然产物，是以微信、微博等现代化软件为教学载体，以其短小精悍、知识点清晰等优势的一种教学方法。在高校计算机基础课程教学改革中引入微课的教学模式，可以将现代的教学手段与传统的教学方法相互结合，形成良性互补和有益延伸，有利于增强课堂教学效果，提高课堂教学质量，提升学生的自主学习能力和创新能力。

一、现高校计算机基础课程教学现状及问题

（一）课程教学大纲及知识体系与学生实际需求之间的矛盾

高校计算机基础课程的教学目标是通过对比较全面、概括性的计算机科学基础知识和理论的课堂学习与必要的实践，使学生能够比较全面掌握基本的计算机操作和使用技能，提升自身使用计算机搜索处理数据的能力，具备利用计算机获取知识、分析问题、解决问题的意识和能力。

在现在的高校计算机基础课程里，主要的教学内容包括：计算机基础知识、Windows 基本操作、Word 文字处理、Excel 电子表格处理、Powerpoint 演示文稿处理、计算机网络基础、网页制作、多媒体技术基础、信息安全等。由于知识点较多但课时有限等原因，以上 Office、Windows 等都是最基础的操作，其他知识点也是比较简单的介绍，这已无法满足学生在未来就业时企业的需求及自身专业需求。同时，由于高校学生来自不同地区，且区域信息化及学习能力的差异使学生在学习中表现参差不齐，故教师在教学中很难统筹兼顾、因材施教，影响教学成效。

（二）课程教学评价体系与教师教学目标

大部分高校目前仍然以学生期末考试的及格率或参加全国计算机等级考试的过级率，作为计算机基础课程教学质量考核评价的主要方式和评判依据。这就造成了教师对计算机基础课程的定位不够清晰，更多时候把精力放在应对提高及格率或过级率上，采用通过理论课上对考试题库里的题

目进行讲授、演示，学生在实践课上对这些题目进行操作练习的教学方式，忽视各专业对其的需求。这使一部分学生平时不认真学习，考前搞突击，只要在考前把题库里的题目练习背熟，就可以通过期末考试。这种教学方式和手段，无法激发和提高学生自我学习意识、自主研讨和解决实际问题的能力，考试的成绩也无法真实地反映学生对计算机基础课程知识模块的掌握程度，难以较为全面客观地考察、评价学生的学习状态和学习效果。这种评价方式不仅影响学生学习的积极主动性，还影响对实现学生对课程综合能力的培养目标。

（三）以教师为中心，忽视学生差异

教师在计算机基础课程的教学中，为了在有限的课时内完成教学任务，强调教师的主导作用，忽视学生的主体地位，往往采用传统教学的"填鸭式"和"满堂灌"授课方式，缺少师生互动、研讨环节。由于教学方法单一、僵化，容易使学生成为教学的被动者和知识的接受者。该课程都是针对大一的新生开设的，然而新生在计算机技术的掌握、接受知识的能力程度原本就存在较大差异，在这种统一教学内容和进度的教学前提下，教师采用这种方式会在更大程度上再一次出现差异扩大化，"吃不饱"和"吃不了"的现象已成为常态。

（四）教学课时不足与教学模式深入改革之间的矛盾

根据各高校的人才培养方案，许多高校对计算机基础课程教学进行改革，教学模式由"教—学"改变为"教—学—做"一体化。然而计算机基础课程大多只开一个学期，理论和实践操作两者总课时大都在 64 ~ 76 个学时之间。由于教学大纲中的知识点很多，这与有限的课时之间存在的矛盾，导致教师在教学环节中无法较深入讲解或剖析重点和难点，学生在学与做的环节中只掌握较简单的知识点和最基本的操作，无法真正将知识点学透，更无法培养学生的计算思维能力及综合应用能力。

二、微课教学模式在高校计算机基础课程教学中的优势

微课是以微型教学视频为主要载体，针对某个学科知识点（如重点、难点、疑点、考点等）或教学环节（如学习活动、主题、实验、任务等）而设计开发的一种情景化、支持多种学习方式的新型在线网络视频课程；不受时间和空间的限制，具有主题明确、高效便捷、短小精悍、便于移动学习的特性和优势。由于微课具有对内容把握的灵活性，对重点、难点、疑点、主题及活动等把握的准确性，对教学过程具有探究性，对教学设计具有完整性，对学习者具有趣味性的特征，能够增强教学效果，使得微课能在计算机基础课程教学中得以应用和推广。

三、微课教学模式在高校计算机基础课程中的应用探究

（一）微课教学模式与传统模式相融合

微课以一定的组织关系和呈现方式营造一个半结构化、主题式的资源环境。微课讲授的内容呈"点"状、碎片化，这些知识点是知识解读、问题探讨、重难点突破、要点归纳；也可以是学习方法、生活技巧等技能方面的知识讲解和展示。所以，对于一个结构完整的教学过程而言，微课教学的内容等仅是这堂课的一部分，如果把堂课教学视为一个整体、一个面，那微课教学便是这个面上闪耀的有限个点。即微课教学只是课堂教学的重要补充，是为了提高教学质量而进行的，并不能完全代替正常的课堂教学。因此，微课教学与课堂教学中的目标体系、内容等相融合，才能作为教学有效的、有益的补充模式。

（二）微课教学模式设计在高校计算机基础课程教学中的应用

从教与学的角度分析，微课在计算机基础课程的教学应用中可以分为

教师授课和学生自主学习、移动学习两方面。现在这两方面融合在教学过程设计中，则信息化微课教学模式应用于教学包括构建新知导读设计，强化知识及信息素养设计，加强学生自主学习培养计算思维设计、总结评价设计。

1. 构建新知导读设计

计算机基础课程涉及的内容较多，操作实践性也较强，但学生在学习新课时，对该课的学习目标、知识体系等一知半解，故教师在设计微课教学时，应以学生、课程的特点为基础，灵活设计教学方法及学习计划，以学生所学过的基础知识及新课所需的衔接知识制作创新的、启发式的导读微课，并且让学生在课前提前观看、学习。这样学生的学习就具有了针对性，并对将要学的知识有一定的感性认识，为学习新知识做准备，从而激发学生的求知欲和兴趣。

2. 强化知识及信息素养设计

教师在进行微课教学设计时，要体现出教学中的碎片化、高效化的主要目标，要基于知识情节，结合专业背景及特点，并坚持从学生角度出发，适当加入与学生本专业相关的信息。因此，微课中的内容要有的放矢、强化突出，使学生对此内容强化记忆，强化理解，进而更好地培养学生的信息素养，让微课成为课堂教学的重要补充。教师可以将整个教学切片，一个切片可以是一个知识点，也可以是一个疑难问题、一个重点、一个议题等，每一个切片制作成一个微课，然后对这些切片进行分类。分类的方式可以按难易程度、形式、层次或主题等，学生可以根据自己掌握的情况、兴趣等选择相应的微课进行学习。在学习的过程中，可自行掌握学习程度，调节、控制播放次数、进度。通过学生有目的的选择学习内容，达到不断强化学习知识和培养信息素养的效果，使得学生在不同层面得到不同程度的提高。

3. 加强自主学习培养计算思维设计

计算机基础课程包括理论知识和操作实践两大部分，学生仅通过课堂教学是较难完全掌握所学的全部知识的，所以教师可以设计多种形式的微课推送给学生，引导学生自主学习。为了增强学生的自主学习意识，教师可以采用任务驱动的方法，以生活实际中与教学联系紧密的案例为载体，合理的引入学生可以接受的具有综合性及创新性的思维括展类的学习任务，并激励学生积极主动寻求解决问题的思路，继而培养学生探索精神和思维。同时，在微课教学过程中，还需对完成以上任务所需的知识内容，解决途径及在解决问题的过程中出现的情况做一一讲解，并引导学生如何运用计算思维方法解决、完成此任务，使学生从中获得成就感，从而提高学生的学习自主性。

4. 巩固已知测试评价设计

课堂上学习结束并不表示学生对此节课中的内容已全部掌握，教师要把一些微课（如实训讲解过程等）上传到学习软件系统，让学生能够充分练习巩固，便于学生有针对性地复习课间的新旧知识，提高实践技能。同时，学生利用微课系统平台中的评价资源自我测试评估，及时了解自己的实际掌握情况，从而按需学习、查缺补漏。此外，教师也可以通过这个评价，了解学生微课学习情况，利于展开针对性指导，提升教学效果，并且可以从中了解自己在教学中的不足，完善提高教师自身的教学。

微课课程作为一种新兴的教育模式，其教育模式的应用有效提高了教学质量，成为传统教学的有益补充，同时改变了传统的教育模式和学生学习方式，取得一定的教学效果。

第八节　计算机技术在高校教学管理中的有效应用

随着教育改革的不断深入，各高校教学管理体制也不断完善，教学模式向多元化模式发展，导致高校对教学信息的处理与分析工作日益增多，传统的教学管理方式已经无法满足高校教育管理的需求。在这种背景下，为实现高校教学目标，将计算机技术应用于高校教学管理中，通过计算机技术对教学过程实施科学、合理的管理，能够有效提高高校教学管理水平，使高校教学管理从传统的单一化向现代化发展，计算机技术已经成为高校教学管理的重要手段之一。

高校是为社会培养人才的重要途径之一，教学是高校工作的核心，教学管理是教学的核心。教学管理为教育提供人力、物力、技术等方面的支持，对教育教学有着至关重要的影响，高校教学管理水平也直接影响着院校本身的教学质量。教学改革的不断的推进，教学管理也的难度也随之增加，但计算机技术在教学管理中发挥了重要的作用。本节对教学管理进行简要概述，分析计算机技术在高校教学管理中的具体应用，并探讨计算机技术在高校教学管理中的提升策略。

一、教学管理概述

教学管理服务于教育教学，对教学起着重要的指导作用，是教学工作的基础保障。随着教学改革的不断深入，教学管理工作也日益向信息化发展。教学管理信息化以实现教学为目标，通过计算机技术对教学过程实施高效的协调、组织、计划等工作，高校教学管理信息化是现代化教学的发展方向。高校教学管理是教学管理的衍生，高校教学管理信息化是将计算机技术运用于教学管理中。

信息技术的发展，为高校教学管理水平的提升提供了重要的推动作用。然而随着教学管理信息化的不断深入，计算机技术在其中的应用也有很大的提升空间，这里所指的并非是技术与资金的问题，而是管理意识的落后。首先，是对选用的软件无法做出准确的预期，造成软件使用后期无法进行有效的升级，就迫使高校更换新的软件系统，工作人员要重新熟悉软件的操作流程，就会降低工作效率。其次，高校教学管理没有进行科学统筹，造成不能实现各部门之间的数据共享，高校教学管理工作相对较为繁杂，倘若各部门之间的信息无法做到共享，会严重增加工作人员的工作量。再次，计算机技术在教学管理中的应用缺乏合理的责任机构，没有配备专业技术人员，软件系统需要不断地更新和升级，管理工作也会因一些工作的变更对系统进行更改，这时需要专门的责任机构来完成，如果由不专业部门进行操作，会对整个系统产生威胁，甚至造成严重后果。

二、计算机技术在高校教学管理中的具体应用

高校教学管理的内容相对较为繁杂，需要各个部门交叉配合，以教学计划、学生学籍管理、教学质量管理为主，将这些环节通过计算机技术来管理，可以明显提高工作效率。计算机技术可以应用于高校教学管理的多个领域，比如对学生的学习内容和成绩的管理，对教师教学质量的评价和监督，对日常课程和教室的管理等等。

计算机技术在成绩管理中的应用。对学生的成绩管理是学习管理的重点部分之一，要求对所有学生所学课程的全部成绩进行管理。高校学生在校课程最少的也在30多门，大量的学生成绩数据处理时十分繁琐，如果采用手写方式进行采集，工作量是难以想象的。计算机技术能够很好地解决这方面的难题，大大缩短了工作时间，降低了工作强度。在每一学期结束后，管理工作人员可以按照管理软件的要求，以班级为单位，通过计算机管理软件，将学生所学课程成绩进行录入，这样学生的成绩就被完全采集，计算机可以自行计算出学生的总分、班级部分、及格率等多种数据，可以根据需求来查询所需资料，大大提高了工作效率。

计算机技术在教学评定中的应用。教学质量是高校发展的生命线，传统以学生答卷对教学质量进行评定的方式以无法适应当前高校的发展脚步，新形势下各高校扩大招生，学生数量不断增加，随之教学管理的工作也不断增加，倘若仍然采用学生答卷、部门整理再反馈教师的方式会严重降低工作效率。通过计算机网络对教学质量进行评定和管理，能够做到反馈及时，

综合分析。学生可以通过计算机对教师的教学效果给予评价，既方便又快捷。计算机对学生所输入的信息进行统计和整理，并做出综合分析，使教师能够及时查询学生对自己的评价，教学主管能够及时地掌握教师的教学效果，是教师考评的重要依据。同时，计算机对教学质量进行监督管理可以面向不同用户，根据用户的不同特点为其提供相应的服务。教师可以在系统中实时查询本人教学质量的评价结果，并根据评价对教学进行完善和提升；教学管理人员要把在系统中查询所有教师的教学效果，对教师的教学质量进行比对，评选优秀教师，鼓励落后教师。学校可以鼓励学生积极地参与到评价活动中来，还可以对学生实施硬性评价。学生要想查询成绩或者选课，首先要完成对教师教学质量的评价，其次才能够进行下一项活动。网络评价系统有效地推动教学改革，提升教学质量。

计算机技术在日常教学管理中的应用。通常情况下，高校专业教师的工作时间都比较自由，除了规定的课时外，一般都不在校内。计算机技术为教学管理部门对这些较为特殊的群体管理提供了更好的交流方式。管理人员通过计算机网络，只需将教学通知等信息进行发布，就可以完成教师教学方面的管理。

对于教室的管理也十分的便捷，通过计算机对教室进行管理，能够全面掌握全校的基础容量、多媒体设备安置、使用信息等等进行记录，能够快速、准确地查询各教室的使用情况，从而合理安排课表，有效提高教室的使用率，更好的为学校服务。

三、计算机技术在高校教学管理中的提升策略

计算机技术在高校的教学管理的应用，大大提高了院校的管理水平和管理质量，使教学管理走向信息化。随着教育管理改革的不断深入，计算机技术的提升对高校教学管理水平的提升有着明显的效果。从计算机技术在教学管理的角度来看，提升教学管理系统开发技术，提高技术人员的综

合素质以及加大教学管理的资金投入，能够有效提升教学管理水平。

资源管理的提升。计算机技术在高校教育管理的应用，成为高校提升教学质量坚强有力的后盾。高校在引进系统软件时，要结合学校自身的实际情况，做出整体规划，选择适用的系统软件，充分发挥高校自身内部的知识和技术资源。

教学管理需要院校每一部分的配合与参与，才能够统筹兼顾，实现资源共享。计算机技术对教学管理工作人才也提出了更高的要求，工作人员不仅要有扎实的教学管理知识的经验，而且具备计算机应用、信息处理的能力。

组织管理的提升。基于高校管理具有多业务的交叉性，造成管理流程较为繁杂。所以，应在教学管理的所有环节专门设定一个部门，构建基于系统数据流转的体系，使数据流贯穿工作业务，基于流程的指导方向，实现工作结构与组织结构的流程再造。

一些高校因管理系统无法进行拓展，或者是升级后的系统不适用于本校的实际情况，只好进行信息系统的更换。高校可以设立专门人事技术管理的部门，这样一来就可以针对学校自身的发展需要来选择引进或升级，实现高校的个性化和稳定发展。

质量和管理的提升。计算机技术应用于高校教学管理，能够助推高校实现教学管理的程序化和标准化。高校应针对自身发展的实际情况来，制定教学管理规章制度。有了规章制度的约束，才能够降低出错率。高校还应构建相应的评价机制，对高校各部门的教学活动进行评价、反馈和总结，以便能够对管理制度进行及时的修改和完善，使计算机技术更好的为教学管理服务。

风险管理的提升。教学管理信息、数据存储的安全应得到有力的保障，任何数据的安全都以防患为主。高校应加强计算机技术的安全性，对教学管理数据进行备份。就目前而言，许多高校使用在服务器上运用 RAID 技术来进行硬盘数据冗余保护，不过这并不能从根本上解决数据安全问题。

高校可以建立数据中心，利用云存储将数据进行集中存储，或建立异地存储中心，防止因自然灾害或其他原因引起数据丢失后无法恢复。

随着社会的发展及科技的进步，信息技术已经日益深入到我们的生活中，为我们的生活和工作带来了方便和快捷。同时，信息技术也逐渐深入到各个领域，教育部要求高校顺应时代的发展，以信息化发展来助推教学改革。以计算机技术为核心推动了教学管理的现代化发展，在高校教学管理中，运用计算机技术一方面简化了管理工作人员的工作，另一方面也代表着现代教育思想的转变，提升了高校教学管理的综合水平。

参考文献

[1]殷卫莉,宋文斌.基于综合素质与创新能力的高职计算机实验教学[J].职教论坛，2010，（8）：41-42.

[2]尚剑峰.浅谈计算机网络教学中创新能力培养的探索[J].数字化用户，2014，（6）：134.

[3]李禄源.计算机教育教学中创新能力的培养[J].时代教育,2014,（8）:40.

[4]李虎.中职计算机教学过程中学生创新能力的培养[J].华章，2014，（15）：195.

[5]石彬.改革计算机实验教学，提高学生创新能力的研究[J].计算机光盘软件与应用，2013，（20）：212.

[6]回宇.基于创新能力培养的高职计算机教学改革探析[J].科学与财富，2014，（8）：360.

[7]吾拉音木·艾比布.计算机教育教学中创新能力的培养[J].中国化工贸易，2013，（12）：450.

[8]范文学.试析计算机软件开发设计的难点和对策[J].软件,2013(08):135-136.

[9]由智尧.计算机软件工程管理初探[J].数字技术与应用，2013（07）.

[10]初旭.计算机软件工程管理与应用解析[J].中国管理信息化，2013（05）.

[11] 曹为政. 计算机软件安全问题的分析及其防御策略研究 [J]. 中国新通信，2018，20（17）：158.

[12] 张伟佳，张雨，师依婷等. 浅谈计算机软件安全检测的问题研究及检测实现方法 [J]. 电脑迷，2018（08）：55.

[13] 奇葵. 分析计算机软件安全问题及其防护策略 [J]. 计算机光盘软件与应用，2017（22）：20-21.

[14] 安宏伟. 高校计算机机房软件维护管理的探索 [J]. 无线互联科技，2012（7）：125.

[15] 李丹，刘思维. 浅谈服务器的硬件维护与软件维护 [J]. 华章，2012（33）：331.

[16] 邸凤英，李锋. 软件项目维护成本估算模型研究 [J]. 计算机应用与软件，2012（12）：166-170.

[17]Ian Sommerville. Software Engineering[M]. 第八版. 北京：机械工业出版社，2004（4）：305.